한양도성은
이렇게 말했다

한양도성은 이렇게 말했다

초판 1쇄 발행 2021년 11월 23일

지은이_ 설국도성 (김가은, 김영재, 이민혁, 이현)
펴낸이_ 김동명
펴낸곳_ 도서출판 창조와 지식
디자인_ 당아
인쇄처_ (주)북모아

출판등록번호_제2018-000027호
주소_ 서울특별시 강북구 덕릉로 144
전화_ 1644-1814
팩스_ 02-2275-8577

ISBN 979-11-6003-395-3

정가 8000원

지식의 가치를 창조하는 도서출판 **창조와 지식**
www.mybookmake.com

한양도성은
이렇게 말했다

설국도성 짓고 엮음

설국도성 작가소개

설국도성은 2021년 문화재청 주최 청년 유네스코 세계유산 지킴이 11기로 활동하고 있는 팀입니다. 4명의 대학생 김가은, 김영재, 이민혁, 이현으로 이루어진 설국도성은 현재 서울 한양도성 문화재를 중심으로 다양한 활동을 이어나가고 있습니다. '기억'이라는 키워드를 중심으로 사람들의 한양도성에 얽힌 이야기를 담은 수필 공모전 등을 개최하였고, 한양도성에 연결된 다양한 사람들의 이야기를 인터뷰하여 하나로 프로젝트를 진행하고 있습니다. 시민, 문화재 관리자, 성곽마을 주민 등 한 사람의 시각에만 치우친 것이 아닌 모두의 시각과 한양도성에 대한 생각을 담는 것은 오직 설국도성만이 할 수 있는 것이라고 생각합니다. 설국도성은 오늘도 과거에 머물러 있는 문화재가 아닌, 끊임없이 이 주변을 둘러싸고 있는, 방문하는 사람들로 인해 지금 현재도 쓰여지고 있는 한양도성의 역사를 기록합니다.

목차

서울이라는 도시의 상징으로 사람들은 으레 '남산타워', '63 빌딩', '롯데월드타워' 등을 뽑곤 한다. 이 세 건축물의 공통점은 이들이 현대 건축물이라는 점이다. 반면, 관광지로 유명한 뉴욕, 파리, 런던 등의 도시의 랜드마크들을 떠올려 보면 서울의 그것에 비해 확실히 역사가 길다. 좋게 말하자면, 서울이 '빠르게 변화하는 도시'라는 증거겠지만, 솔직히 말하자면, 서울에 서울을 대표할 역사적인 건축물들이 많지 않다는 뜻이다. 경복궁이나 숭례문 등 무게감 있는 유적들이야 많지만, 서울의 상징을 딱 하나만 고르라고 한다면 이들을 먼저 뽑을 사람은 많지 않을 것이다.

서울의 대표 관광지로 내세우는 고궁이나 한옥마을의 사정도 이러한데, '한양도성'은 말할 것도 없다. '한양'이라는 도시의 경계선 역할을 했던 '한양도성'이지만, 조선왕조가 비참하게 막을 내린 후 백 년 간 온갖 수모를 당하며 본래의 모습을 차츰 잃어갔다. 사대문의 일부라던 '돈의문'은 그 위치도 알 수 없이 사라졌고, 국보 1호라던 '숭례문'

은 전국민이 지켜보는 가운데 불에 타 사라졌다. '숭례문'은 그 상징성 덕분에 오래 지나지 않아 복원 공사가 마무리되었지만, 여전히 한양도성의 많은 구간은 도로를 내기 위해 맥이 끊어진 채 쓸쓸히 제자리를 버티고 있다. 이처럼 한양도성은 우리의 소중한 '문화재'이지만, 너무 크고 길다는 이유로 '문화재다운 대우'를 받지 못한 채 서서히 생명력을 잃어가고 있다.

그러나 서울 도심 어디에서나 볼 수 있고, 어디에서나 다가가기 쉽다는 특징 덕분에 한양도성은 '시민 곁의 문화재'라는, 그 어느 문화재도 누리지 못하는 특별한 지위를 누리게 되었다. 한양도성을 따라 수많은 도성 마을들이 터를 잡고 있고, 한양도성 사이로 난 등산로는 수십 년간 서울시민들의 일상 속의 쉼터가 되어왔다. 한양도성은 그만큼 우리에게 '친숙한' 존재이다.

한양도성을 우리의 이웃, 그 이상으로 지켜보고 대하는 사람들이 있다. 한양도성을 사랑하는 시민들, 한양도성 곁에 살아가는 사람들, 한양도성을 지키고 보호하는 사람들, 한양도성을 알리기 위해 노력하는 사람들… 한양도성 아래 위치한 학교를 다니며 아침마다 한양도성 산책로를 거닐던 학생들은, 한양도성에게 특별한 애정을 가진 사람들의 이야기를 듣고 기록하며, 한양도성이 '시민들의 문화재'라는 사실을 더욱 널리 알리고자 작은 프로젝트를 기획하였다. '한양도성은 이렇게 말했다'는 그렇게 시작하였고, 여러분이 펼친 첫 번째 장은, 지난 몇 달간의 노력의 결과물이다.

  이 책을 읽는 모두가 한양도성을 사랑하지는 않을 수 있다. 그러나 이 책을 덮은 모두가 한양도성을 사랑하길 바라며 책을 시작한다.

1.
내가 사랑하는 한양도성,
수필 공모전 수상작

설국도성은 2021년 7월 16일부터 8월 30일까지, 한양도성과 잊지
못할 추억이 있는 시민들의 이야기를 모으기 위해 '한양도성 수필
공모전'을 열었다. 그 결과 전국의 시민 분들이 자신의 소중한 한양
도성 이야기를 적어내린 따뜻한 에세이를 보내주셨다. 그 이야기
하나하나 모두 각기 다른 다채로운 색채와 장면, 그리고 감정들이
담겨있었다. 여전히 우리 곁에 머물고 있는 한양도성을 기록하며,
세상에 공유하고 싶은 수필들을 소개한다.
오랜 시간동안 그 자리를 굳건하게 지키고 있는 한양도성. 오늘날
우리에게는 보존해야 하는 문화유산, 삶을 이어가는 터전, 사랑하는
사람들과 추억을 쌓는 아름다운 공간이 되었다. 그 이야기들을 함께
읽어보자.

세 감정이,
새 감정이 되기까지

(대상) 이희범

가다 서다를 수없이 반복해야만 앞으로 나아갈 수 있는 서울은 '연비'가 참으로 좋지 않다고 할 수 있을 것 같습니다. 나의 리듬대로 걷기보다는 신호와 교통질서가 만든 리듬 속에 나의 발걸음을 맞춰야 하기에 복잡한 서울시내를 걷는 것은 참으로 힘이 드는 일입니다. 한편 감정 애기를 하자면, 일상 속에서 나의 감정은 한계선에 항상 맞춰져 있습니다. 분노, 기쁨, 슬픔 모두 사회생활의 범주 안에서 허락된 정도로만 표출 되고 저는 감정의 한계선을 정해 사회에 맞추어 나갑니다. 아마, 이 정도가 서울에서 사는 우리의 일반적인 모습인 것 같습니다.

그렇게 도심 리듬 속에서 벗어나기 위해 걷다 보면 한적한 혜화문이 홀로 저를 반기기 마련입니다. 또 도전의식을 갖고 무언가를 넘어서야 할 때에는 어김없이 웅장한 홍인지문이 저를 반깁니다. 거기서부터 저의 도성 코스는 시작됩니다. 나의 감정, 나의 생각의 첫 줄 그대로를 따라서 도성의 시작점을 가면 거기서부터 스스로의 이야기가 시작되는 것이죠. 도성이 서울을 느슨한 울타리처럼 감싸 안듯, 저 또한 도성 앞에 서서 저의 감정들을 느슨하고 조용하게 풀어냅니다. 옛 한양의 경계선이었던 만큼 도성을 걸어 나갈 때만큼은 저 또한 저의 감정의 한계선을 마주하며 깊이 생각해보게 됩니다.

　저의 첫 감정 스토리의 시작점은 인왕산입니다. 힘든 주중 일과를 마치고 주말에 인왕산 앞에 섭니다. 관광객들과 시민들을 위해 코스를 정해놓았다고 하지만, 저는 느지막한 오후에 저만의 주말 코스를 이곳 인왕산 둘레길 입구

앞에서 시작합니다. 어느 곳에서 시작하던 첫 발걸음은 항상 '복잡'하기 마련인 것 같습니다. 정리되지 않은 일상의 생각들과 서울 도심 속을 거닐던 인위적인 생체 리듬이 아직도 제 머리 속에 남아있기 때문이죠. 그래서 주말엔 든든한 도성을 옆에 끼고 인왕산을 오르게 되는 것 같습니다.

싱그러운 풀들과 그 내음을 맡으며 오르고 있으면 잡다한 마음과 생각은 어느새 중력을 오르는 제 발걸음에 온전히 집중됩니다. 이렇게 홀로 도성에 찾을 때만큼은 둘레길로 가기보다는 곧장 정상으로 향하는 길을 택합니다. 복잡하고 지친 마음이 깊게 눌러앉아 있을 때에는 나 자신의 숨소리만을 느낄 수 있는 그러한 가파른 길이 좋은 것 같습니다. 그렇게 이정표도 보지 않고 왼쪽의 도성이 이끄는 데로 오르다 보면, 마음이 참 단순해지는 것 같습니다. 정상에서 날아갈 듯한 바람을 맞으면 그렇게, 잡다한 생각은 없어지고 오로지 벅차고 기쁜 감정만이 남습니다. 그렇기에 인왕산을 향해 뻗은 도성을 저는 기쁨의 울타리라고 부릅니다. 인왕산 정상에 잡스러운 마음과 감정은 바람에 실어 보내고 즐겁고 벅찬 감정만을 가지고 다시금 도성을 따라갑니다. 어느덧 뉘엿뉘엿 해는 지고 '세 감정' 중 벅차고 기쁜 감정을 안고 돌아갑니다.

꼭 그리운 벗을 만났을 때에 저는 함께 낙산공원을 따라 걷고는 합니다. 계절은 돌고 돌아 다시금 봄이 되었는데, 낙산의 풀과 꽃들은 이전과 똑같이 그 자리에 있는데, 사람만 이리도 달라질 수 있을까 생각이 듭니다. 달라진 서로

의 모습이 어색하지만 낙산 옆에 비스듬히 기운 도성이 서로 기대기를 은근히 재촉합니다. 그렇게 친구와 함께 예전의 추억을 찾아 순성놀이를 떠납니다.

그리운 벗과 함께 낙산을 걸을 때엔 가장 먼저 미안한 감정이 드는 것 같습니다. 왜 서로 먼저 연락하지 않았을까, 이렇게도 쉽게 만나 우정을 다질 수 있건만 도대체 무엇이 그리도 만남을 주저하게 했는지 생각해봅니다. 아마도 어느 때가 되어야만 추억은 다시 살아나고 그 기억에 젖고 젖어 서로를 그리워하게 될 때에야 진정한 재회가 이루어지는 것이기에 그런 것 같습니다.

21년 낙산의 봄은 이어지는 과거 봄의 추억 까지도 함께 상기시켜 줍니다. 분명 나는 현재의 낙산을 걷고 있지만 기억은 과거의 낙산을 걷고 있습니다. 마치 이름을 새긴 '각자성석'처럼 스스로의 추억도 낙산에 각인된 것 마냥 구석구석 친구와의 함께 했던 시간들은 되살아나게 됩니다. 그렇게 벚꽃과 다양한 꽃들이 남발한 도성을 걷다 보면 서로에게 말하지 못했던 미안함과 소홀했던 감정은 '뿌듯함'으로 바뀝니다. 바쁜 일상 속에서도 텔레파시가 통해 서로를 찾고 다시금 그리워하는 마음을 확인하며 그 동안 가로막혔던 시간의 벽이 허물어지는 느낌을 받는 것 입니다. 그저 서로에 대한 고마움과 즐거움으로 낙산을 거닐며 3인칭의 시점으로 서울을 바라봅니다. 땀으로 젖어 있는 마스크 속에서도 서로의 웃음이 보일 정도로 낙산과 도성은 제게 뿌

듯한 추억을 또 한 번 선물해 줍니다.

  슬픈 날 더 슬프기 위해 찾아가는 도성 길도 있습니다. 어쩌면 애매한 슬픔의 감정을 더욱 증폭시키려고 일부로 찾아가는 것인지도 모릅니다. 슬픔의 감정 한계선이 끝에 다다를 때 저는 밤늦게 숭례문을 찾아갑니다. 새 돌들과 복재들로 치장한 숭례문은 아무 일도 없었다는 듯이 서있습니다. 분명 복구 되지도 오래이고 이제 그 사건도 잊어질 만도 하지만 여전히 숭례문 앞에 서면 안타깝고 서글픈 마음이 먼저 드는 것은 어쩔 수 없나 봅니다.

  여지없이 찾아오는 '코로나 블루'는 서로의 심리적 거리마저 벌려 놓았습니다. 사람에게 의지하고 힘을 얻는 제게는 치명타일 수밖에 없는 것이죠. 그래서 무언가 울적하고 슬픈 날이 있을 때에는 도심적이지 않은 분위기에 취하고 기대려고 하는 것 같습니다. 서로가 다시 가까워 질 수 없다면, 때로는 비슷한 슬픔을 갖고 있는 사물에게 감정을 이입해 보는 것도 좋은 것 같습니다.

  다른 도성길과는 달리 숭례문과 돈의문이 있는 도성길은 유난히 찾기가 힘듭니다. 여기저기 흩어져 있는 도성의 흔적은 미로 찾기와 같습니다. 마치 제주도의 건천들이 집중호우를 만나 서로 연결되듯이, 집중력 있게 도성의 흔적과 자태를 찾아보면 어느새 숭례문과 연결되는 듯 한 상상을 하게 되고 그렇게 찾아내게 되는 것입니다. 남산 타워가 보이는 자리 아래 묵묵하게 서 있는 숭례문을 바라보면서 어느덧 슬픔의 감정은 다시금 정화되어 차분한 마음을 갖게 해주는 것 같습니다.

이처럼, 어떠한 감정을 갖고 있느냐에 따라 저의 도성 코스는 매번 바뀝니다. 그러나 항상 마지막엔 '세검정'을 찾아갑니다. 내가 지닌 세 감정이, 깨끗한 '세검정'의 계곡 물을 바라보며 다시금 '새 감정'이 되는 기적을 찾아 가는 것이죠. 옛 조선에서 실록을 '세초' 하던 자리인 만큼 저 또한 이곳에서 묵은 감정을 씻어내고 새 감정을 찾아 갑니다. 마치, 도성이 서울 한 바퀴를 돌아 제자리로 돌아오 듯, 요동치는 감정과 지친 마음은 나만의 순성 놀이를 통해 제자리로 돌아오는 것입니다.

세 감정이, 도성을 돌고 돌아 세검정에서 새 감정이 됩니다. 도성은 역사적 가치 그 이상으로 서울 시민에게 감정의 둘레길로서 다시금 새로운 마음가짐을 갖게 하는 중요한 역할을 지니고 있다는 생각이 듭니다.

한적하고 양말은 젖었고
도무지 답이 안 보였던 날의 성곽길

(우수상) 박지수

·

●

한적한 성곽길은 이미 산책이나 데이트 장소로 유명한 한양도성 낙산구간도 나만 아는 듯한 나의 공간으로 보이게 만들었다. 흥인지문을 등지고 돌계단을 오르면 숨이 찰 때쯤 계단 저 너머에 파란 하늘이 일렁거렸다. 그 하늘만 바라보면서 이미 땀에 젖어 무거워진 걸음을 옮기면 분명 낙산구간을 오르기 전에는 위에 있었던 것들이 아래로 내려와 있는 것을 볼 수 있었다. 오르는 동안은 내 키보다 높은 것만 같았던 성벽도 선선한 바람이 불어오는 곳에 다다르면 더 이상 내 시야를 가리지 않게 낮아져 있었다.

갈 때마다 매번 다른 성곽길의 모습을 사진에 담고 다시 걷다 보면 어느새 성곽길 아래로 내려가는 길이 나오고, 낮은 듯 보였던 성벽은 다시 거대하게 펼쳐져 있었다. 높은 성벽을 옆에 끼고 천천히 내려가면 한성대입구역으로 가는 길이 나오고, 그쯤에서 항상 나의 성곽길 여행은 끝이 났다. 걷는 속도에 따라 30분에서 40분 정도 걸리는 이 구간을 혼자 걷는 게 좋았다. 그래서 성곽길이 한적할 시간인 한여름의 한낮에 홀로 성곽길을 찾곤 했다. 더운 공기와 뜨거운 햇살 아래 땀은 흘러도 혼자 걸으면 내 감정에만 충실할 수 있어서 편했고, 원하는 시간만큼 원하는 길 위에서 머물 수 있어서 좋았다. 성곽 아래의 집들을 보며 같은 하늘 아래 살고 있을 여러 사람들의 모습을 그려보면, 혼자라도 외롭다는 생각은 들지 않았다.

양말이 푹 젖은 채로 성곽길을 찾은 날도 있었다. 성곽길에 다다르기 전, 폭우를 만나 양말이 젖은 채로 성곽길을 올랐다. 돌계단을 하나하나 오를 때마다 돌과 흙에 발자국도 하나하나 더해졌다. 돌계단 틈으로 자라난 풀들이 무성한 것만 봐도 성곽길은 여름을 지나고 있다는 것을 느낄 수 있었다. 어느새 비가 그치고 선선한 바람이 불어오면 더 이상 푹 젖은 양말은 신경 쓰이지 않았다.

평소처럼 올 때마다 다른 성곽길의 모습을 눈과 사진에 담는데 신경이 쏠렸기 때문이다. 서서히 걷히는 구름과 서서히 연해지는 흙길을 눈 속에 담았다. 시간이 흐른 뒤 다시 걸음을 재촉해서 성곽길을 올려다봐야만 하는 길에 다다르고, 걷다가 걷다가 한성대입구역에 도착하면 그제서야 푹 젖은 양말이 다시 신경 쓰이기 시작했다.

도무지 답이 안 보이던 날도 어김없이 성곽길로 발걸음이 향했다. 흥인지문부터 한성대입구역까지, 항상 걷는 구간은 같았지만, 걷는 마음가짐은 달랐다. 평소라면 풍경을 보고 가슴이 뻥 뚫렸겠지만, 도무지 답을 찾을 수 없던 날은 가슴을 뻥 뚫기 위해 풍경을 보러 성곽길을 올랐다. 어느 날엔 왜 성곽길을 보면 숨이 트이는지 궁금하기도 했다. 코앞도 안 보일 정도로 답답한 심경을 서울의 끝도 보일 것 같이 너른 풍경이 감싸주는 것 같기도 했다. 아무리 입을 꽉 다물만큼 답답한 날 성곽길을 올라도 어느새 감탄하며 입을 벌릴 만큼 후련한 마음으로 내려올 수 있었다. 이런 마음을 느끼게 해주고 싶어서 동생과 같이 성곽길을 올랐던 적도 있었는데, 방학이라 낮과 밤이 바뀌어 밤을 샌 상태였던 동생은, 도무지 성곽길의 끝이 안 보인다고 했다.

나는 도무지 답이 없을 때 성곽길을 걸었지만 동생은 성곽
길을 걸을 때 도무지 답이 없어보였던 것이다.

성곽길은 계절이나 하루의 시간에 따라서 다른 모습을
가지고 있었지만, 그 자체로도 다양한 모습을 품고 있었
다. 축조 시기가 달라 크기와 모양과 색이 다른 돌들을 보
면 한양도성이 지나온 오랜 시간이 느껴졌다. 맨 처음 만들
어진 성곽은 몰랐을 것이다. 조각보같이 여러 돌들이 모여
현재의 모습을 갖추게 될 줄은. 무채색 조각보 같은 성곽의
모습은 낙산구간의 한성대입구역 근처의 성곽에서 그 모
습을 볼 수 있었다. 성곽 아래의 모습을 보여줄 듯 말 듯 이
어지는 성곽은 흥인지문 쪽에서 출발하면 볼 수 있었고 말
이다. 현재 성곽, 즉 돌들의 변화는 오랜 시간이 지나야 알
아챌 수 있겠지만, 성곽길은 주변의 풀과 나무, 그리고 하

루와 계절의 변화에 따라 현재도 변하는 중이다. 그리고 성곽길을 같이 걷는 사람에 따라서도 성곽길은 다양한 모습을 보여준다. 그래서 한양도성은, 나의 성곽길은 항상 다채로운 모습으로 나를 맞아준다. 한적할 때도, 북적북적할 때도, 양말이 젖은 채로 가도, 양말이 젖지 않은 채로 가도, 도무지 답이 안 나올 때 가도, 답을 찾아서 개운할 때 가도.

인왕산에 묵향과
여정의 행복 점을 찍어보다!

(우수상) 왕완근

서울은 큰 물길인 한강으로 나누어 강남과 강북으로 불리지만, 안산과 인왕산은 옛 의주로였던 서울역에서 신의주로 향하는 통일로라는 큰길로 나눠보면 안산은 길남, 인왕산은 길북이 되는데 과연 어느 쪽이 더 중할까요?

오늘 걸어볼 익숙한 인왕산 능선을 무악재에서 바라봅니다. 통일로로 깊게 파여진 안산과 인왕산의 남과 북을 연결하여 무악재를 가로지르는 하늘다리를 건너 금방 전망 좋은 인왕정에 올라서서 잠시 쉴 시간을 얻어 말안장을 닮은 안산은 팬데믹 상황에 맞춰 거리두기 하고, 옛 서대문형무소 역사관을 내려다보면서 광복 76주년의 의미를 무겁게 되새겨봅니다.

이제 인왕산 허리 데크길을 따라 걸으며 해골바위와 부처바위, 모자바위를 벗 삼아 인왕산 호랑이를 상징하는 범바위에 올라서면 언제나 시원한 바람을 맞을 수 있습니다. 여기서는 성 밖으로 천천히 시선을 돌려서 목멱산에서 한강까지는 더욱 평화로워지기를 바라고, 성 안의 서울도심은 더욱 행복해지기를 기원해봅니다.

인왕산 중간 높이인 범바위에서 정상을 바라보면 치마바위가 솟아 인왕산이 된 이후 한자리에서 날지도 못하고 다소곳이 앉아있는 소나무 부리의 한 마리 새 모양 매바위는 인왕산의 큰 지킴이입니다. 겸재 정선 선생이 진한 먹빛으로 힘차게 그려졌던 코끼리바위와 치마바위까지 한꺼번에 커다란 암산을 딛고 서서 잠시 바라보는 인왕산의 많은

바위들은 조선을 열게 된 역사를 쉽게 들려주지는 않는 것 같습니다.

순성 길목인 범바위 곁에 작살나무부터 삿갓바위에 명품송과 스무 살이 넘은 성년소나무 명패도 바꿔 달아주고, 뻐꾸기 찾아와 울 때면 보랏빛 꽃이 핀다는 작은 미소 뻐꾹채는 어느새 알뜰하게 영글어서 힘찬 열매도 만나봅니다.

그렇게 코끼리바위에 올라 뻐꾹채 자생지를 들여다보고 마치 하늘로 걸어 올라가듯 천국의 계단을 따라 정상을 향해 오르다 보면 한여름에 피는 노란 딱지꽃이 맘껏 웃어댑니다. 338.2m의 인왕산 정상에 오르니 텅 비워져 있지만 한적하고 청결해서 좋습니다. 또 문종을 기다리듯 효심의 빨간 앵도가 가장 빠른 결실이라며 수줍게 익어가면서 600년 전의 건강식으로 미소 짓고 있어서 아직은 다행임을 일깨워줍니다.

정상에서의 눈 걸음은 길게 누운 북한산 능선을 걷고, 마음은 백악 능선을 올라보지만 실제 걸음은 정상에서 철제 계단을 따라 천천히 내려서게 됩니다. 여기서는 치마바위가 빗금 치듯 사선으로 잘라서 보여주는 서울도심의 짜릿한 맛에 지난 역사는 흐릿하기만 한데, 인간 중심으로 돌아가기만 하는 도시의 바쁜 모습만 넋을 놓고 바라보게 됩니다.

　계단을 내려서면 한 여름인데도 중요한 페이지를 펼쳐 놓고 있는 모습의 책바위에 작은 행복의 그림자를 그려 넣으며 바위 아래 그늘에서 힘겹게 살아가는 들풀들도 잊지 않고 들여다보게 됩니다. 이제 기차바위 갈림길 삼거리에 우뚝 섰습니다. 여기서는 늘상 뒤돌아 서서 인왕제색과 18.627km 도성 전체를 눈과 마음을 더해 한 바퀴 둥글게 원을 그리며 하루 여정의 행복 점들을 찍어가면서 다시 내가 서 있는 이 자리까지 눈으로 돌아보는 전 구간 순성을 한 번 더 해봅니다.

　잠시 성 밖을 나와 탕춘대성 방향으로 기적소리 낼 줄 모르는 기차바위에 올라서서 서울역에서 신의주를 거쳐 유럽까지 내달리는 여행 기분을 한껏 내다 '나홀로 소나무'를 창 밖으로 바라봅니다. 키는 그리 크지 않아도 바람과

빗물에 날아온 한줌의 흙을 밑천 삼아 홀로 살아가고 있는 대견함을 그냥 지나치지 말고 손 인사를 건네면 고군분투하는 놀라운 생명력의 '나홀로 소나무'도 여러분을 반겨줄 것입니다. 꿈은 이루어질 거라 믿고 아쉬운 마음으로 다시 성 안으로 되돌아옵니다.

겸재 정선 선생이 1751년에 그려낸 '인왕제색도'의 진한 묵향을 맡으며 내려서는 인왕산 자락 청운의 길에서 백운동천을내려다봅니다. 경복궁에서 치러진 과거시험을 마치고 찌릿찌릿 오금을 저리며 어렴풋한 채점도 해보면서 그동안의 긴장과 힘듦을 풀고 오늘의 숲길을 따라 고향 집을 찾아가는 옛 선비들의 기분이라면 얼마나 홀가분하고 개운할까요?

인왕산 내림길에서 시선을 북망에 두다 보면, 옛날 벼 껍

질에 풍구 돌리던 왕겨 불에 시커멓게 그을린 낮은 아궁이 이마처럼 오랜 세월을 버텨온 진한 먹빛 성돌과 어우러지는 성 너머 북한산 능선과 파란 하늘이 삼위일체 된 풍광에 풍덩 빠져듭니다.

내가 열심히 살아간다면 팬데믹 상황에서도 멈춤이 아니고 인왕산에 올라 도성길을 걸을 수 있고 하루의 시간을 함께 나눌 수 있습니다. 삶의 조각을 뿌려보는 호흡과 걸음만으로도 만족할 수 있어서 오늘도 한양도성을 벗 삼아 힐링과 함께 성공적인 시간이 되었음을 답장으로 받아 들게 됩니다.

우리가 오늘 걸어온 길은 앞으로 우리가 또 걸어가야 할 길일지도 모릅니다. 하지만 부암동 성넘이 길목에서는 어쩔 수 없이 지난 4월 4일 입술이 터진 듯하게 허물어진 한양도성 90번째 구간의 아픈 생채기와 더불어 부부소나무 주변에 쌓여가는 아쉬움을 돌계단에 말없이 발자국으로 새겨봅니다.

바람은 보이지 않으나 나뭇가지가 흔들리는 것을 보고 바람이 분다는 것을 알 수 있듯이 600년 전 성돌을 쌓던 많은 분들의 노고나 손길은 잘 보이지 않지만, 그래도 성석에 새긴 각자를 만나게 되면 600년 전에 그 들이 피땀을 흘려 쌓은 정성을 잠시나마 음미해 볼 수 있으면 좋겠습니다.

이제 산을 내려서서 인왕산 진경산수길과 오늘도 큰 물소리 멈추지 않는 수성동 계곡에 버들치도 좋지만, 흑진주알 잔뜩 실은 가재 가족이 어서 돌아와 예전처럼 평화롭게 살아가기를 희망해봅니다.

지금은 울타리로 가로 막혀 눈으로만 기린교를 다시 건너보고 오랜 세월이 지나도 늘상 기운이 넘치는 인왕산 큰바위를 두 팔 벌려 안아봅니다. 함께 즐기는 순성은 늘 우리들에게 새로운 희망이 되므로 여유로울 때 자유롭게 인왕산을 즐겨보세요!

여러분도 오랫동안 한양도성과 함께 할 수 있으면 좋겠습니다.

한양도성,
연대와 소망의 끈

(우수상) 김완수

●

●

지난 늦가을에 문학상 야외 시상식 참석차 서울 남산공원 내 한양도성 유적전시관을 찾은 적 있다. 코로나 바이러스가 한창 창궐할 때인데도 남산공원을 찾을 생각에 무척 설렜다. 남산 하면 바로 떠오르는 남산서울타워는 남산을 한 번도 가 보지 않은 촌사람인 내게 육삼스퀘어와 함께 여전히 서울의 랜드마크로 기억되고 있었기 때문이다. 그런데 그 생각은 전철역인 회현역에서 내려 남산 자락을 오르면서 바뀌기 시작했다. 타고난 길치라 행인들에게 길을 물어물어 간 끝에 다다른 한양도성 유적전시관. 대형 호텔을 등지고 오르막길을 오를 때까지만 해도 높이라는 가치에 열중했던 나는 곧 길을 따라 펼쳐진 성곽을 보며 우리의 지난 역사 속으로 침잠해 들어갔다. 우뚝한 가치에서 눈을 돌려 쌓고 잇는 가치에 눈을 떴던 것이다.

 높이가 위압이라면 쌓고 잇는 것은 교감일 것이다. 나는
애초 남산공원을 찾기 전에 산과 타워의 위압만을 생각했
었으리라. 하지만 한양도성 순성길 남산 구간을 걷는 일은
쌓고 잇는 것이 곧 소통이라는 것을 깨닫게 해 줬다. 궁성
과 도성, 그러니까 내성과 외성을 막론하고 서울의 성곽은
예나 지금이나 한 시대를 살아가는 사람들에게 교감의 미
덕을 깨치게 해 준다고나 할까.

 굳건한 모습으로 길게 이어져 있는 성벽을 보며, 역사는
과거와 현재의 끊임없는 대화라고 했던 E. H. 카의 말처럼
성곽은 비단 그 거대한 돌 자체로서만이 아니라 시간을 쌓
고 이어 현대에까지 의미를 미친다는 사실을 알 수 있었다.

그리고 성벽이 하늘까지 이어진 듯한 모습을 볼 때는 성과 하늘의 희고 푸른 색채의 대비만큼이나 예전 사람들의 절실했던 연대와 소망의 의지가 강렬하게 떠올랐다. 이상(理想)의 실체인 양 하늘에 몽실몽실 뜬 구름처럼.

성벽을 따라 걸을수록 나는 당시 축성 현장에 있었던 사람처럼 역사에 몰입할 수 있었다. 아무것도 없는 맨땅에 돌을 하나하나 놓을 때의 심정은 어떠했을까. 모름지기 한 왕조의 창업주가 나라의 기틀을 닦을 때의 경건함과 같지 않았을까. 신분과 남녀노소를 막론하고 나라를 보전코자 하는 마음의 무게는 같았을 것이다.

성벽 앞에 마주 서자 종묘사직을 지키기 위해 성을 쌓고 이었을 민초들과 마주할 수 있었다. 사삿일은 제쳐 두고 한 뜻으로 성을 쌓고 이었던, 이름 없는 민초들. 그들은 희생을 마다하지 않고 오직 나라를 위해 함께 피땀 흘렸을 것이며, 고단하면 성벽이 하늘까지 이어진 듯한 풍경을 바라보다 성가퀴 하나하나를 계단 삼아 호국(護國)의 꿈이 하늘까지 닿기를 소망하지 않았으랴.

백성이 없이는 나라도 없고, 나라가 없이는 백성도 없다. 나는 수없는 외침을 막아 내는 동시에 안에서 언제 균열할지 모르는 불안이나 두려움도 막아 냈을 선조들을 생각하며 현재를 사는 의미를 곱씹어 봤다. 우리가 국가고, 국가가 우리여야 할 혼연일체의 삶. 그러고 보면 내성은 우리

안을 단속(團束)하고, 외성은 우리 밖을 지키는 것일지도
모른다.

성(城)은 곧 민초다. 민초들의 피땀이 서렸다는 의미를 넘어 서로 어깨를 결은 채 까치발을 하고 선 풀을 닮았기 때문이다. 얼핏 생각하기에 풀은 바람 따라 흔들리는 것 같아도 땅속에 뿌리를 내리고 있어 쉬이 뽑히지 않는다. 성 또한 그렇다. 옆으로는 서로 단단히 연대하면서 위로는 하나 된 꿈을 경건하게 올리니 어찌 적에게 쉬이 넘어가거나 무너질 수 있으랴. 혐오와 분열의 시대를 살아가는 지금 우리도 이와 같으면 함께하는 삶이 더 단단해지지 않겠는가.

성이 함락된 적 있어도 우리의 혼은 결코 무너진 적 없다. 순성길을 내려오는 동안에도 나는 역사 속에서의 내 소임을 생각했으며, 숭례문 앞에서 숨을 고른 뒤 돌아가기 위해 전철역으로 가는 동안에도 내 다짐을 생각했다.

건축이 입체의 예술이라면 성곽은 입체의 산 역사다. 그리고 성은 단순한 벽이 아닌, 연대와 소망의 끈이기도 하다. 성곽을 과거의 건축 유산(遺産)으로만 볼 것이 아니라 현재의 나를 비추는 거울이라 여길 때, 우리 삶은 한결 더 여유롭고 숭고해지리라.

한양도성과 사람들,
인터뷰 모음집

    한양도성은 과거에 머물러 있는 문화재가 아닌, 여전히 우리의 삶에 맞춰 호흡하는 살아있는 문화재이다. 한양도성과 함께하는 수많은 사람들이 있어 더욱 더 의미 있으며 이렇게 빛이 날 수 있는 것이다. 다양한 방법으로 한양도성을 지키고자 노력하는 사람들부터, 더 나아가 삶의 터전으로 여기는 사람들까지 모두가 함께하기에 한양도성은 여전히 우리의 아름다운 성으로 존재한다.

    조선시대 태조부터 한양을 지켜온 성곽이자, 지금은 도심 속 숨구멍이 되어주는 한양도성. 우리는 그 한양도성과 한양도성의 현재의 역사를 써 내려가는 사람들을 만나 기록하였다.

1.
정선아 선생님을
만나다.

"반가움이 앎이 되는 과정,
그걸 안내하는 게 제 역할이라고 생각합니다"

설국도성은 서울국제고등학교 출신의 친구들이 모인 팀이다. 서울국제고등학교는 한양도성 인근에 위치한 학교이며, 우리가 매일 아침 기숙사에서 나와 한양도성을 산책하던 곳이기도 하다. 정선아 선생님께서는 EBS에서 한국사 및 동아시아사 강의를 진행하고 계시며, 서울국제고등학교에서 역사 선생님으로 근무하고 계신다. 우리는 작년에 선생님의 수업을 들으며 '마을 속 유적지 찾기' 등의 활동을 경험하였다. 우리는 이를 통해 주변에 있는 유적지에 관심을 가지게 되었고, 그 기억을 바탕으로 의미 있는 인터뷰를 진행하고 싶어 교정의 문을 두드리게 되었다. 서면

인터뷰로 진행하였으나, 선생님께서 학생들을 사랑하시는
마음은 넘치도록 느낄 수 있었다.

Q1. 오랜 시간 동안 EBS에서 역사 강의를 해오시며 문화재
에 대한 가치, 그리고 보존의 필요성 또한 느끼셨을 것이라 생
각합니다. 한양도성을 비롯한 우리나라의 문화제에 꾸준히 관
심을 가져야 하는 이유가 무엇이라고 생각하시나요?

인터뷰를 하고 있는 여러분이 졸업한, 그리고 제가 근무
하고 있는 이 학교가 위치한 곳은 정말 문화재로 뒤덮여

있는 지역이거든요. 조선시대 뿐 아니라 개항기, 일제강점기, 현대사까지 말이죠. 우리는 그곳을 매일 지나다니고 있죠. '고개만 돌리면 보이던 그 버스 정류장 자리가 여운형 선생이 피살 터였구나, 학교 앞 내리막길에 있는 그 집이 숙종 때 환국을 배우며 그토록 나오던 송시열 집이구나, 친일파 누구누구의 집이라고 으리으리하고 번쩍이던 곳이 원래는 독립운동을 위해 전 재산을 바쳐 국외로 이주한 애국자의 집이었다니…' 이런 생각을 할 수 있게 되죠. 이런 방식으로 문화재를 바라보지 않고, '무슨 왕 몇 년에 만들어진 무슨 양식의 무슨 건물'로 시작하는 문화재는 쉽게 마음에 담아지지 않는다고 생각합니다. 내가 관심을 갖고 보지 않으면 죽어도 보이지 않는 것이 바로 문화재이기 때문에, 여러분 개인의 삶과 문화재의 연결고리를 좀 만들어 한번은 유의미하게 돌아보게 하는 거죠. 관심을 가진다는 건, 나와 무관하지 않은 발자취라는 걸 스스로 느낄 수 있게 하는 방법입니다.

Q2. 한양도성은 태조, 태종, 세종, 그리고 숙종 당시 개축과 수축을 거쳐 유지되어 왔기 때문에 각 시대에 따른 돌의 모양과 축성 방식 등에서 차이가 나타납니다. 이처럼 한양도성은 오랜 시간의 역사를 지니고 있는데요, 한양도성 인근의 서울국제고에서 근무하시며 소개하고 싶은 한양도성만의 가치나 특징을 소개해주세요.

한양도성의 매력에 대해서… 서울국제고는 3학년 1학

기 체육이나 창체 시간에 학생들을 데리고 한양도성을 한 번 씩 다녀옵니다. 우리 반 학생들이 한양도성에서 동영상과 사진을 찍어 보내왔는데, 그때 이런 생각을 하였습니다. 한양도성은 굉장히 가파른 구간도 있고, 사실 전부 다 돌아보는 것이 쉽지 않아요. 하지만 언제 만든 개축, 수축 다 몰라도 되니 어느 구간, 어느 지점에 소중한 사람들과 친구, 애인, 혹은 혼자... 꼭 한번쯤은 다녀왔으면 좋겠다는 생각이 들어요. 서울국제고등학교 11기 학생들 중에 졸업 후 한양도성을 쭉 걸어본 친구들이 있더라고요. 이처럼 한양도성의 매력을 한번 느끼게 되면 다른 구간에 대한 관심도 생기고, 도성과 궁궐 등 다양한 곳으로 그 관심이 확장될 것이라 생각합니다.

Q3. 교과서를 집필하시고, 학교에서 선생님으로 근무하시고, EBS에서 온라인 강사로 활동하시며 역사와 관련된 다양한 경험을 하셨을 것 같습니다. 그 중 한양도성, 혹은 그 주변 유적들에 얽힌 인상적인 사건이나 경험이 있을까요?

작년(2020년)의 경우는 졸업하고 나서 '기숙사에서 종종 산책 정도로 올라갔던 한양도성을 다시 걸어봤다'는 혹은 '우리 동네에 알고 보니 현대사에 등장한 인물이 머물렀던 집이 있더라'라는 연락들이 기억에 남습니다. 역사란 알게 되면 보이는 것입니다. 새롭게 알게 된 후 보이는 것이 이전과는 다르다는 점을 학생들을 통해 알게 될 때의 느낌이 인상 깊네요.

Q4. 저희는 작년에 선생님께 수업을 들으며 '마을 속 유적지 찾기'라는 활동을 하였습니다. 이는 많은 역사가 살아있는 종로구의 특성을 반영해, 사람들이 모르고 지나치던 비석이나 가옥 등의 역사적 흔적을 발견해서 인증사진을 찍어 선생님께 보내면 간식을 받는 프로젝트였습니다. 주말에 기숙사를 벗어나 집으로 향하며 각자의 동네에서 발견한 역사의 흔적을 찍기도 하였죠. 이런 프로젝트를 시작하게 된 계기와, 그 의미를 설명해주세요.

제가 서울국제고 11기에게 '내 마을의 유적지 찾기'라는 수행평가를 제시한 이유는 학생들의 동네와 마을, 주변이 다 달랐기 때문이었어요. 비슷한 동네에서 오는 학생들이 아닌 전국구에서 온 학생들이다 보니 각자 주변의 역사가 다양할 수 있겠다 싶었어요. 3년을 함께 기숙사에서 동고동락하며 살았지만, 친구가 살아온 동네에 대해서는 잘 모를 것 같더라고요. 전주에서 온 친구, 경주에서 온 친구 등 서로가 자신의 동네를 소개하며 우리 마을, 내 주변의 역사에 대해 나누면 어떨까 했어요.

이전에 근무하던 학교에서는 다 비슷한 동네에 거주하기 때문에, 조선후기 풍속화에 착안을 해서 "우리의 일상 속 풍속화 이벤트"를 했어요. 풍속화가 그 당시 씨름, 서당도, 대장간, 단오날 풍경을 그대로 담았듯, 우리 고3의 일상, 우리 동네에서 볼 수 있는 현재의 모습을 역사의 기록으로 담아보자는 취지로 진행했던 프로젝트입니다. 우리의 현재도 미래에는 역사의 한 페이지일 수 있으니까요. 일상 속에서 역사를 접할 수 있게 노력하는 편입니다.

이 사진은 "우리의 일상 속 풍속화 이벤트"를 했던 학교에서 친구들이 찍어 보낸 자료입니다. 어느 날 학생들이 이런 사진을 몇 십장이나 보내주더라고요, 어쩌다 후문이 닫힌 날이었는데 하교하는 학생들이 정문까지 돌아가지 않고 죄다 이렇게 갔다는 코멘트와 함께 말이죠.

이런 일상의 기록들이 이 친구들에게는 고등학교 때 추억과 역사의 한 장면이 될 수 있겠다는 생각으로 진행을 했습니다. 서울국제고등학교는 전국구 학생들이 오다 보니 나의 역사, 내 주변의 역사로 좀 방식을 바꿔봤어요.

저는 EBS 강의도 진행하고 있는데요, EBS 동아시아사 강의를 하면 전국에서 동아시아사를 수강하는 학생들이 굉장히 많이 연락을 합니다. 그 많은 친구들의 이름을 다 기억하긴 솔직히 쉽지 않아요. 그러나 그 내용에 자신을 수식하는 한두 마디를 넣어주면 신기하게도 기억이 납니다. 제가 그렇게 부탁하거든요. 제일 좋아하는 무엇인가를 앞에 넣어주거나, 아니면 자신의 학교나 지역에 대해 수식해주면 제가 기억하는데 도움이 된다고 말하죠. 예를 들면 "선생님 전 춘향이와 몽룡이로 유명한 지역 남원의 어느 학교 다니는 OO입니다." "선생님 분당 제자들 많으셔서 헷갈리시죠. 천당 밑에 분당, 분당 OO고 잔나비보다 유명해질 OOO입니다." "선생님, 전 첨성대 바로 앞에 있는 OO 학교 OOO예요." "우리 동네는 딱히 뭐가 유명한 게 없어서 유적지도 없어요. 하지만 저희 집 창문에서 동해바다가 보여요. 절도 하나 있네요." 이러한 짧은 문장이요. 그러한 것이 굉장히 기억에 남습니다.

Q5. 선생님께서는 수업시간에 영상자료를 보여주시거나, 설화나 이야기를 섞어 설명해주시는 등 학생들이 역사를 좀 더 친근하고 재미있게 접할 수 있도록 노력하신다고 생각했습니다. 학생들이 역사를 바로 알고 우리 문화의 소중함을 알 수 있게 어떤 활동을 추진하시고, 어떤 방향성을 추구하시는지 궁금합니다.

야외로 데리고 나가려고 노력을 많이 해요. 코로나19로 조금 힘들어졌지만, 올해는 서울국제고 부설인문영재원의 중학교 2학년 학생들과 함께 정동길 답사를 다녀왔어요. 한번 가본 곳, 한번 들어본 사람을 수업 시간에 만나게 되면 그렇게 반가울 수가 없거든요. 반대로 교과서에서 배운 것을 나가서 보게 되면 그 또한 기억에 오래 남고요. 그 반가움이 앎이 되는 과정, 그러한 것을 안내하는 것이 제 역할이라고 생각합니다.

Q6. 설국도성이 활동을 하며, 서울 내에 위치한 경복궁이나 숭례문과 같은 문화재에 비해 한양도성은 비교적 사람들이 많이 알고 있지 않는 문화재라고 생각했습니다. 저희 또한 '마을 속 유적지 찾기'를 하면서 알려지지 않은 다양한 역사의 흔적을 발견하며 관심을 가지게 된 경험이 있습니다. 이렇게 잘 알려지지 않은 문화재들을 학생들이 어떤 방향으로 인식하길 바라는지 알려주세요.

제가 방향은 설정하는 건 아니라고 생각해요. 관심을 갖도록 안내하는 역할, 그게 전부라고 생각합니다. 산에 갈 때 셰르파가 필요한 경우가 있잖아요. 저로 인해 학생들이 관심을 가지게 된 후 스스로 그 관심의 영역을 확장해 나가다 보면, 자신의 적성과 관심분야에 따라 굉장히 다양한 방식으로 뻗어나갈 것 같습니다. 아주 꽤 오래전부터 사용되는 문구지만 이만한 것이 없어요. "아는 만큼 보이고 그때 보이는 것은 이전에 보던 것과는 다르다"라는 것이죠.

Q7. 마지막 질문입니다. 정선아 선생님에게 한양도성이란 어떤 존재인가요?

몇 가지가 떠오르네요. 먼저, 우리 동네, 우리 집을 지켜주는 울타리 같은 존재입니다. 국제고 학생들에게는 우리를 지켜주는 곳이겠죠. 그리고 또한 한 바퀴 꼭 돌고 싶은 곳이기도 하고, 나 역시 산책, 데이트 하는 곳이기도 하죠. 마지막으로 작정하고 가야하는 곳이 아니라, 내 일상의 공간과 맞닿아 있는 곳이라고 생각합니다.

정선아 선생님의 문체는 마치 교실에 앉아 다시 생생하게 선생님의 수업을 듣는 것 같은 느낌을 주었다. 인터뷰에 하나하나 해주신 답변을 통해 정선아 선생님은 학생을 한 명 한 명 기억하고자 하는 따뜻한 스승님이자, 역사의 가치를 알리기 위해 끊임없이 고민하시는 훌륭한 교육자임을 알 수 있었다. 설국도성은 그런 정선아 선생님을 보며, 미래를 이끌 아이들이 역사의 소중함을 실감할 수 있도록 방향을 잡아주는 선박의 열쇠와 같은 분이라 생각했다. 또한, 정선아 같은 학생들이 역사를 친근하게 접하도록 도와주시는 수많은 선생님들이 계시기에 역사와 문화재에 대한 관심이 계속해서 이어지고 있는 것이라는 것을 느꼈다.

2.
한양도성 임정화
시민순성관을 만나다.

"저에게 한양도성이란 친구가 되고,
힐링이 되는 곳 입니다"

　한양도성 시민순성관은 한양도성을 순성하며 모니터링을 하고, 보수나 이정표가 필요한 부분을 보고하며 우리 유산을 지키는 활동을 한다. 결국 문화재를 지키는 것은 국가도 법도 아닌, 우리의 관심이라는 것을 보여주는 것 같았다. 시민순성관님들의 노력으로 한양도성에는 새로운 길이 생기고, 무너진 성벽이 보수가 되었다. 한양도성을 걷는 분들께 한양도성의 다양한 이야기를 들려주시며 해설사 활동도 함께 하고 계신다. 우리는 시민순성관님을 직접 만나 뵈어 더 자세한 이야기를 들을 수 있었다. 이것이 설국도성의 첫 번째 대면 인터뷰였다. 우리는 긴장한 마음을 가지고 남산 구간 근처의 카페에서 인터뷰를 진행하였다.

그러나 걱정이 무색하게 임정화 시민순성관님께서는 편안한 분위기를 만들어주시며 진심을 다해 임해주셨고, 덕분에 우리는 첫 인터뷰를 잘 마무리할 수 있었다.

Q1. 현재 한양도성을 지키는 시민순성관님이 약 120명 정도 있다고 들었습니다. 각 구간을 나누어 활동하시며 캠페인을 진행하기도 하고, 관광객 분들에게 문화제를 설명해주시기도 한다고 알고 있는데요. 혹시 임정화 순성관님께서는 구체적으로 어떤 활동을 하고 있으신가요?

기본적으로는 한 달에 한번 씩 개인 순성과 팀 순성을 병행해 왔습니다. 그리고 봄, 가을이나 특별한 기간에는 캠페인 또한 진행했어요. 보통 진행했던 캠페인은 사람이 많이 모이는 낙산 공원에서 진행됩니다. 여장 위에 올라가서 다리를 밖으로 내민다거나 하는 위험한 행동을 하시는 분들이 있거든요. 원래는 여장이 전쟁 시 던지는 용도로 쓰인 곳이라 안정적이지 않아요. 그래서 사람과 성곽, 둘 다 위험한 행동이기 때문에 '올라가지 말자'라는 캠페인을 진행하고 있습니다. 인왕산에서도 비슷한 캠페인을 진행했죠.

Q2. 2019년 한양도성 문화제에서는 '시민순성관이 바라보는 한양도성'이라는 프로젝트도 진행하셨던데요. 이런 다양한 활동을 진행하고 계시는 것 같아요.

저희가 순성을 할 때 모니터링도 하지만 보고서용으로 사진도 찍거든요. 한양도성이 굉장히 예쁘기 때문에 그런 사진을 공유하면 좋겠다는 생각으로 하게 되었습니다. 저도 그 때 작품을 냈는데, 사진전을 진행한 첫 해에는 도록도 만들어 혜화동의 전시 센터에서 전시도 했습니다. 그 다음 해에는 홍인지문 도성 박물관 올라가는 갈대밭에 전시하여 시민들이 오고가며 볼 수 있게 했습니다. 보통 시민분들은 홍인지문 아니면 낙산, 이 정도만 알고 계세요. 그래서 전시회를 기획하게 되었고, 이런 사진 전시회를 통해 '이렇게 예쁘고 멋진 곳이 있는지 몰랐다'라며 다른 구간도 찾아가시는 분들도 많이 계셨습니다.

도성 문화제를 진행할 때에는 홍인지문에서 '수문장[1] 체험'을 기획했습니다. 저희도 군복을 입고, 시민들과 관광객

---

1. 수문장: 조선시대에 도성 및 궁궐문을 지키던 관원

분들도 옷을 입어보는 체험을 할 수 있게 하는 것이었죠. 특히 외국인 분들이 너무 재미있어 하고 좋아하시더라고 요. 대화는 잘 통하지 않았지만, 얼굴 표정에서 다 보였습니다. 옷이 반응이 정말 좋아서 줄 서서 입어보고 그랬죠.

작년에는 코로나 상황이라 많이 힘들었지만, 비슷한 활동을 진행하긴 했습니다. '동대문을 지켜라'라는 프로그램으로 축제처럼 기획했죠. 올해는 순성관 활동도 팀으로 못 모이는 상황이라, 한양도성 문화제를 개최하지 말자는 목소리가 큰 상황입니다. 작년에는 '동대문을 지켜라'는 체험 키트를 만들어 관광객 분들께 나눠드렸습니다. 집에서 키트를 즐길 수 있게 큐알 코드로 설명 영상을 만들어 드렸죠. 원래는 활쏘기나 수문장 옷 입어보기 같은 활동을 진행했어야 했는데 많이 아쉬웠습니다. 하지만 지금은 다양한 활동을 기획하는 단계에 있어 활력이 돌고 있답니다.

Q3. 굉장히 다양한 활동을 진행하고 계시는 것 같은데, 시민 순성관님께서 이런 의미있는 활동을 시작하게 된 계기를 소개해주실 수 있나요?

일반 직장을 그만두고 홍보해설사 활동을 하려고 알아보던 중이었습니다. 사실 성에 대해서는 관심이 없었죠. '돌 쌓아놓은 게 뭐 대수라고'라는 생각을 했거든요. 성이 중요하다는 생각을 별로 안하고 있는 상황에서, 해설과 봉사를 병행할 수 있는 방법이 없을까 고민하게 되었습니다. 그러던 중 '성균관 지킴이'라는 활동에 참여하며, 문화재에 대해 알려주는 것도 중요하지만 지키는 활동도 중요하다는 것을 느꼈습니다. 그 순간에 시민순성관 모집 공고를 봤고, 호기심에 지원했죠. 선발되고 난 후 교육을 받고 나니 돌 하나하나가 정말 소중하게 여겨지고, 애착을 가지게 되고, 내가 사는 동네에 이렇게 중요한 문화재가 있다는 생각에 책임감을 느껴 지금까지 하고 있습니다.

Q4. 임정화 순성관님께서는 2015년부터 6년 가까이 시민 순성관 활동을 해오셨는데, 그 중 가장 인상 깊었던 활동이 있을까요?

벌써 그렇게 되었네요...

2017년에 단순히 순성하고 모니터링을 하는 것을 너머 새로운 활동을 하고 싶다고 생각해 공부방을 만들었습니다. 3년간 진행을 하며 한 달에 한번 씩 도성 박물관에서 책도 읽고 전문가 분도 모셔서 이야기하는 시간을 가지게 되었죠. 그리고 다른 문화재에 종사하신 분들과 교류하기도 하며 여러 활동을 했습니다. 사실 순성관 분들이 대부분 나이가 많으세요. 그래서 컴퓨터로 보고서를 쓰는 방법을 몰라서 활동 인정을 못 받으신 분들도 계시고, 전자기기에 미숙하신 분들이 많습니다. 그 분들을 위해 컴퓨터 교육도 하고, 찍어 둔 수많은 사진을 동영상으로 만들어 보관을 하는 등의 활동을 했습니다. 호응이 좋아서 즐겁고 재밌게 한 것 같네요. 또, 한양도성을 비롯한 우리나라의 많은 성들을 알아보자는 마음으로 '산성을 걷는 사람들'이라는 모임도 만들었습니다. 지금까지도 1년에 네다섯 번은 다녀오는 식으로 활동을 이어서 하고 있습니다.

시민순성관 활동을 하며 모니터링한 결과를 보고하면, 조금 늦더라도 저희의 의견이 반영되는 것을 볼 수 있어요. 그럴 때면 '그래도 내가 이 활동을 통해 한양도성에 기여를 하고 있구나'라는 생각을 하게 됩니다. 깨진 돌을 보수

하고, 이정표가 없는 곳에 이정표가 생기는 결과를 눈으로 확인했을 때 제일 뿌듯한 것 같아요.

Q5. 저희도 활동을 할 때마다 매번 한양도성의 가치와 역사를 새롭게 알게 될 정도로 한양도성의 매력은 끝이 없는 것 같습니다. 혹시 한양도성을 제대로 알기 위해선 반드시 알아야 하는 정보가 있을까요?

'한양'하면 궁궐 위주로 생각을 하잖아요. 임금님의 그 모습을 떠올리지만, 사실 임금과 신하, 백성이 있는 성곽까지가 한양의 완성이거든요. 그래서 한양이라고 하는 이 도시는 성곽까지 포함해야 완성이 된다는 걸 강조하는 편입니다. 그리고 한양도성은 외국의 성들과는 다른 독특한 특징을 지니고 있습니다. 중국의 자금성이나 유럽의 성들을 가면 다 평지에 엄청나게 높은 산을 쌓는데, 우리나라는 높은 산 위에 성을 지었거든요. 정말 이런 수도가 거의 없습니다. 우리만의 특별한 모습을 하고 있다는 것을 알려주고 싶네요.

Q6. 한양도성은 도시와 어우러진 모습을 하고 있다는 특징도 있는 것 같아요. 현대인이 바라보는 한양도성은 어떨 것이라 생각하시나요?

저는 개인적으로 순성관을 하며 매우 건강해졌습니다. 현대인들은 도심에서 힐링을 찾으려 하잖아요. 한양도성은 도심 속에 있지만, 이 길을 걸으며 육체적으로, 그리고

정신적으로 힐링을 제공할 수 있는 장소라고 생각합니다. '산성을 걷는 사람들' 모임에서 순성을 하며 조용한 곳에서 명상을 하는 프로그램을 진행했어요. 오시는 분들이 굉장히 좋아하셨던 기억이 있습니다. 바람소리, 새소리, 땅의 느낌을 느끼며 하는 간단한 명상입니다. 한양도성만의 가치를 잘 이용하면 현대인들에게 좋은 기억을 주는 장소로 만들 수 있을 것 같아요.

만리장성을 여행했을 때, 해설사 분께서 만리장성을 '세계 최대의 무덤'이라고 표현하더라구요. 사실 한양도성도 건축 과정에 대한 설화가 있을 정도로 죽은 사람들이 굉장히 많습니다. 이런 이야기를 듣고 보니 돌 하나하나가 소중해 보였습니다. 이런 이야기를 찾아내고 알려드리면 더 풍성한 한양도성을 만들어낼 수 있지 않을까, 생각합니다.

Q7. 시민순성관 활동을 하면서 한양도성의 모든 것을 알게 되셨을 것 같아요. 관광객이 아닌 관리자 입장에서 본 한양도성은 또 다를 것 같은데요, 현장에서 바라본 한양도성 관리의 아쉬운 점이나 개선되었으면 하는 점들이 있을까요?

제일 아쉬운 점은 끊어져 있다는 것입니다. 성곽이 연결되어 있었다면 순성을 하면서도 계속 성벽을 따라 갈 수 있을 것이라는 아쉬움이 있습니다. 성벽의 일부분들이 도시화 과정을 거치며 없어져 버렸기 때문입니다… 그래도 저는 옛날보다는 사람들이 많이 한양도성에서 순성 하시고, 한양도성을 좋아한다고 생각합니다. 예능 프로 같은 곳에서 한양도성이 자주 등장하고, BTS도 한양도성에서 콘텐츠를 찍기도 했고요. 제가 순성관을 시작할 때만 해도 낙산공원에 사람이 많지 않았는데, 이제는 밤에 연인들의 데이트 코스로 알려져 있더라고요.

광희문에서 올라가는 성곽의 길을 건널 때 표시가 없었습니다. 자주 길을 잃게 되는 구간이었는데, 이런 부분이 나중에 반영이 되어 이정표가 생기고 바닥에 화살표도 생겼습니다. 점점 개선되어 가는 모습이 보이기 때문에 앞으로도 이렇게 변화되었으면 좋겠네요.

Q8. 아마 이 인터뷰를 통해 시민순성관에 관심을 가지게 된 사람들이 많을 것 같은데, 시민순성관이 되기 위한 자격조건이 있을까요?

가장 중요한 것은 문화재에 대한 관심과 사랑입니다. 이 두 가지가 없다면, 마음에서 우러나오는 봉사가 아닌 억지로 해야 하는 숙제가 될 수 있거든요. 그리고 도성을 잘 지켜서 후손에게 물려줘야겠다는 주체의식도 필요하다고 생각합니다. 또, 튼튼한 다리! 보통 한 구간 당 최소 3시간에서 4시간 정도 소요됩니다. 열정이 있으시다면 되겠지만, 우선은 몸 관리를 잘 해서 건강한 몸으로 오시면 좋을 것 같네요. 단순히 모니터링하고 쓰레기만 줍고 끝나는 것이 아닌, 보고서를 작성하고 문제점을 지적하는 일을 해야 하기 때문에 이와 관련된 경험도 있으면 좋을 것 같다고 생각합니다.

Q9. 마지막으로 한양도성을 감상하려 방문하는 사람들에게 한양도성을 즐길 수 있는 방법을 소개해주세요!

등산의 묘미는 전망을 보는 것이라 생각합니다. 코스마다 보는 전망이 정말 다르거든요. 전망 하나만으로 산을 오르는 사람들이 많은데, 한양도성은 전망이 다 다르고 또 예쁘다는 사실을 말씀드리고 싶네요.

Q10. 시민순성관님께 한양도성은 어떤 의미인지 한 문장으로 말씀해주세요.

저에게 한양도성이란, 친구가 되고 힐링이 되는 곳입니다.

임정화 시민순성관님께서는 시민 순성관이 입는 유니폼을 입고 오셨다. 인터뷰가 마무리된 후 우리는 함께 남산 구간을 걸어보았다. 안중근 의사 기념관과 한양도성 유적 전시관을 방문하며 임정화 시민순성관님의 생생한 설명을 들을 수 있었다. 무더위가 기승을 부리던 여름이었지만, 한양도성의 아름다움을 가까이에서 볼 수 있었던 경험이었다. 카페와 회사가 모여있는 도심에서 조금만 걸으면 이런 자연과 역사를 만날 수 있다니. 역시 한양도성은 현대와 과거를 연결해주는 다리와 같은 곳이라고 생각했다.

3.
왕완근 시민
순성관님을 만나다

●

●

"탐방 길목마다 전해지는 이야기거리"

설국도성은 임정화 시민순성관님을 만나 좋은 이야기를 나눌 수 있었다. 이후, 직접 시민순성관님과 함께 한양도성을 걸으며 가이드 투어를 받고 인터뷰도 진행하고 싶다는 생각에 왕완근 시민순성관님을 만나 뵙게 되었다.

왕완근 시민순성관님은 순성관 초창기부터 활동하신 분으로, 가이드 투어와 인터뷰에서 한양도성에 대한 따뜻한 애정을 보여주셨다. 왕완근 시민순성관님과는 대면과 서면 인터뷰를 모두 진행하여 서면으로는 궁금한 점에 대한 답변을 주셨고, 대면으로 뵈었을 때는 직접 한양도성 투어를 진행해주셨다. 한양도성의 역사를 온 몸으로 느낄 수 있었던 시간이었다.

우리나라에 산은 대략 4000여 개, 성은 2100여 개가 넘는다고 하죠. 그래서 산과 성이 들어간 지명이 유난히 많은데, 제가 태어난 곳이 예산의 '산성리[2]'입니다. 그 산성에 하루에도 몇 번씩 올라가서 놀던 기억, 여름방학이 되면 산 아래로 흐르는 무한천을 건너 마을 친구들과 돌팔매 싸움을 했던 기억, 산에서 내려오다 굴러서 크게 다쳤던 추억이 남아있습니다.

그러다 1974년에 공주에서 첫 직장을 가졌는데, 거기서 하숙했던 집도 산성동에 있었습니다. 백제 무왕의 공산성이 맞닿아 있던 곳입니다. 서울에는 1982년에 올라와 강남에 살다가 1999년 12월 말에 이곳 종로의 무악동에 오게 되었는데, 한양도성이 바로 눈앞에 보이는 곳이었습니다. 이렇듯 어릴 적부터 '성'과는 꽤 깊은 인연이 있다는 자부심을 갖게 되었습니다.

그래서 눈만 뜨면 사계절 행촌동 구간의 도성이 변하는 모습을 바라보며 살다가, 2015년 정년을 맞으면서 때마침 시민순성관 모집 기사를 보았습니다. 주말이면 늘상 오르던 인왕산을 좀 더 의미 있게 다니면서 자원봉사 활동도 함께 할 수 있겠다는 생각에 참여하게 되었습니다. 한양도성 4구간 중 특히 인왕산 구간의 워낙 뛰어난 풍광과 생태적

---

2. 뒷산에 김유신 장군의 아들 원술랑이 쌓았다고 전해지던 백제시대 토성이 있던 마을

으로도 의미 있는 환경에 매료되어 2015년에는 숲해설가 과정을 공부하게 되었습니다. 또한, 성곽의 보수정비 공사가 시행되면서 한양도성을 건축학적으로만 접근한다는 생각이 들어 토목 기술자로서 성곽에 관심을 가져도 좋겠다는 생각이 들었습니다. 그렇게 미력하지만 나름대로 더욱 즐겁고 보람이 있는 활동을 지금까지 이어가고 있습니다.

우리나라에는 문헌상으로 남한에만 2,100여 개의 성곽이 존재하고, 그 중에 국가나 지방자치단체에서 지정하여 관리하는 것만 420여 개가 있다고 합니다. 그 중에서 514

년이라는, 가장 오랫동안 도성 기능을 유지해오면서 가장 길고 멋있는 도성이 한양도성입니다. 18.627km 성곽의 주출입문이 국보 제 1호 숭례문이고, 두 번이나 옮겨지었어도 지금은 흔적도 없이 유일하게 사라진 문이 바로 인왕산 구간에 자리한 돈의문입니다.

 도성 중에서도 인왕산 구간(숭례문~창의문, 4.8km)은 도심 조망이 최고입니다. 하지만 무엇보다도 짧디 짧은 구간마다 이야기거리가 너무나도 많다는 것이 인왕산의 매력이라고 생각합니다. 저는 걸어서 하늘까지 올라갈 수 있는 천국의 돌계단이 있는 곳이 바로 인왕산이라고 이야기를 하고 싶습니다. 또한, 시민으로서 도성과 이웃하며 살면서 이곳의 생태에도 관심도 많아, 인왕산의 나무들을 보살피고 도성 주변의 풀꽃들을 나름대로 가꾸고 있습니다.

 모든 사람들에게 기회와 운은 한두 번씩 주어진다고 하는데, 저 또한 우연찮게 인왕산자락 무악동에 1999년 12월에 이사를 오게 되면서 인왕산과 더불어 살게 되었고, 2015년 퇴직을 하면서 도성과 인연을 맺게 되어 지금은 2008년에 조성된 월암 공원 아랫자락에서 살고 있습니다. 저는 이것을 기회라고 생각하지 못했었는데, 지금은 산성에서 태어나고 산성 밑에서 살다가 다시 도성자락에서 터를 잡고 살게 되면서 한양도성을 사랑할 기회를 얻었다고 생각합니다.

기회는 가만히 앉아 있으면 찾아오지 않습니다. 그래서 저는 한양도성의 역사적 의미는 물론 세계문화유산 등재를 위한 문화재로서의 가치를 공유하면서 주변의 오래된 나무와 식생을 조사 관찰하고 있습니다. 아울러 주요 문화유적과 기이한 바위 등을 코스별로 상세하고 흥미 있게 안내할 수 있는 한양도성 순성과 나무 지도를 포함한 숲 생태도감 자료를 체계적으로 정리하여, 현장 해설 없이도 시민들이 쉽게 이해할 수 있도록 가이드북 <한양도성 한 바퀴, 각자와 나무 이야기(가칭)>를 만들어 보려고 준비하고 있답니다.

Q2. 현장 활동을 하며 기억에 남는 순간들이 있나요?

순성 탐방로의 통행에 불편을 주는 아까시나무와 산딸기의 나뭇가지를 수시로 전지가위로 잘라주고, 인왕구간에 많이 분포한 서양등골나물, 돼지풀, 미국쑥부쟁이, 환삼덩굴 등의 생태교란식물을 제거하는 작업도 꾸준히 하고 있습니다. 또한, 단체 순성 시에는 해설을 곁들여 순성활동을 함께 해오고 있습니다만, 올해는 아쉽게도 코로나19로 활동이 중지되어 현재는 진행을 못하고 있습니다.

저는 2015년 10월에 시민순성관 제2기로 처음 참여해서 교육을 이수하고 현장 활동으로 첫 번째 모니터링일지(2015.11.3)를 작성하여 제출했습니다. 그 첫 번째 일지가 바로 한양도성에 대한 서울시민의 첫 모니터링 일지입니다. 그리고 이것이 2016년 1월 세계문화유산 등재 신청서에 첨부된 기록물로 제출되었다고 합니다. 그 이야기를 듣게 되면서 제 모니터링 활동에 대해서 나름의 자부심도 갖고, 지금까지도 열정을 다해서 순성활동을 하는 계기가 되었다고 생각합니다.

또한, 2016년에는 숲 해설가가 되면서 숲도 길도, 걸으면서 많이 보아야 제대로 알게 된다는 신념을 갖게 되었습니다. 제가 열심히 걸을 수 있는 그날까지 한양도성에 애착을 갖고 인왕산을 돌보고 싶습니다. 그래서 팀 활동을 이끌어 가고 있는 것이 즐겁기만 합니다.

2019년 5월 11일에는 시민순성관 모두의 앞에서 '모니터링 기법에 대한 설명'을 해달라는 요청이 있어서 관련 교육을 한 적이 있습니다. 이때는 한양도성 모니터링에 대해서 제가 특별히 뭘 많이 알고 있어서 자리에 선 것이 아니라, 사람들과 함께 그 동안 순성활동을 해오면서 가졌던 여러 가지 생각을 공유한다는 취지로 1시간 정도 설명하였습니다. 그때의 경험은 문화재지킴이 지도사 양성 과정에서 모니터링 기법에 대한 강의를 하는 계기가 되어 지금도 기억에 많이 남아 있습니다.

2020년 5월 16일부터 7월 5일까지, 주말마다 연 인원 250명의 순성관들이 참여하여 인왕산 정상에서의 성곽오름 예방화동, 정화작업, 홍보 등 캠페인 활동을 펼쳤습니다. 또한, 신규 순성관들을 위해 모니터링 기법과 주요 지점 해설 등의 팜플렛 자료를 만들어서 보다 충실한 안내를 위해 노력했던 기억이 떠오르네요. 그리고 인왕 팀장으로서 팀순성 활동을 활성화하기도 했습니다. 그리고 '도성생태모니터링단'이라는 동아리를 구성하여 인왕산에 자생하는 뻐꾹채, 원추리, 참나리 등의 씨앗을 채취하여 여러 곳에 뿌려주면서 자생식물이 계절별로 꽃을 피울 수 있도록 자연정원을 꾸며보는 노력을 해오고 있습니다.

인왕산은 암산으로 바위가 많고 나무 식생이 100여 종으로 다양합니다. 그래서 주요 순성 길목에 서있는 나무에 간단한 해설명패를 달아주는 활동으로 인왕산을 찾는 시민들에게 작은 이야기거리를 만들어주고 있습니다. 그러한 노력들을 한데 모으기 위해서 많은 사진들을 찍었습니다. 그러다보니 2000년부터 성곽 주요 지점의 성체와 각자성석은 물론 인왕산 정상의 바위 파임 등 여러 바위나 나무 식생들의 변화한 모습을 비교 관찰할 수 있는 자료가 만들어졌고, 지금도 계속해서 쌓여가고 있습니다.

인왕산은 늘상 자연적인 인왕제색도 감상할 수 있고, 리기다-소나무와 같은 나홀로 나무도 많아서 더욱 값진 순성나들이가 가능한 귀한 곳이기에 더욱 애착이 갑니다. 특히 인왕산에는 매바위나 삿갓바위, 너럭바위 등에 한줌의 흙을 밑천 삼아 뿌리를 내려 오랜 세월을 홀로 살아가는 놀라운 생명력으로 고군분투하는 나홀로 소나무가 많아서 인왕산과 한양도성을 찾는 여러분들을 계속해서 반겨줄 것입니다. 이런 소나무들과 한양도성이 오래도록 우리와 함께 할 수 있기를 바랍니다.

Q3. 한양도성이 앞으로 보완해야 할 점이 있을까요?

한양도성은 자연상태로 야외에 자연물을 이용해서 인공적으로 만들어진 600년이 넘은 조선시대 최대의 문화재입니다. 그렇게 매일 햇빛과 바람과 때로는 눈과 비를 맞으며 날마다 역사를 새롭게 써 내려 가고 있다고 생각합니다.

성체에 틈이 벌어지고 기울거나 균열이 가고, 성석이 파편
화되어 깨져 나가도 문화재의 한 조각이 아닌 돌조각으로
여기는 것 같아 안타깝습니다.

  조금만 눈여겨보면 그 많은 성곽 돌 하나하나에 600년
의 풍파를 겪은 세월 흐름은 물론 돌마다 새겨진 깊은 상
처들을 오롯이 품고 있으면서도 재미있는 느낌들이 많이
배어 있습니다. 성돌 크기가 기껏해야 가로세로 40~60cm
밖에 안 되는 크기지만 그 사각 방형면마다 어머니의 얼
굴, 기도하는 간절함, 온화한 희망의 모습, 그리고 풍파에

찌 들은 애환까지 정말 없는 게 없을 정도로 무궁무진한 모습을 관찰하다 보면 정신이 없을 정도로 벅차오름을 느껴보실 수 있습니다.

300여 개의 각자성석도 시간이 지나면서 점점 풍화되어 흐릿해지고 깨져나가기도 하면서 심하게 마모되어 가고 있으며, 찾는 이들의 발길이 쌓이며 성체와 성돌은 상처를 입고 있습니다. 현재의 모습을 지키기 위한 노력을 기울여주었으면 하는 바람이 있습니다. 또한, 앞으로는 도성 전 구간에 걸쳐 있는 모든 옛 이야기와 주변의 생태적 모습까지 어우러졌으면 좋겠습니다. 새롭게 만들어지는 이야기들이 더해져서 빛나는 문화유산으로 기억되고 관리되길 바랍니다.

그러기 위해서는 관리청의 많은 관심과 친절한 예산투입은 물론 시민들의 진정 어린 한양도성 사랑이 절실하다고 생각습니다.

인왕산을 오르면 도심에서 복잡하게 살아가는 시간에서 벗어나 자연 그대로의 인왕제색을 볼 수 있습니다. 범바위를 지나 코끼리 바위를 타고 걸어올라 하늘까지 천국의 돌계단을 올라서게 되면 세계 어느 명승보다 뛰어난 풍광이 펼쳐집니다. 이때, 치마바위가 사선으로 서울을 조각조각으로 나누어 보여주는 모습은 천하제일이 아닐까 하는 생각입니다.

　탐방 길목마다 전해지는 이야기거리가 가득해서 '책바위
는 공부하라고, 기차바위는 세계를 여행하라고 인도해주
는 것인가? 다양한 나무들과 풀꽃 생태, 더불어 소나무 등
나홀로 나무의 의미는 스스로 일어나서 진취적으로 살아
가라는 가르침을 주고 있는 것이 아닐까?'라는 생각도 해
보게 됩니다.

　한양도성 성체 모니터링은 같은 곳을 꾸준하게 계속해서
관찰 및 기록하고 비교분석해서 변화를 체크해보는 것인
데, 실상 일부 시민순성관들은 그러한 관점을 잘 찾지 못
하고 있고, 교육 시에도 안내활동이 제대로 이루어지지 않
아서 안타깝습니다. 그저 자원봉사자로서 최소한의 역할
만 주어진 채로 운영되고 있다는 점이 아쉬워서 인왕팀 만
큼은 그래도 팀순성 활동을 벗어나 보다 실질적인 활동에

주안점을 두고 적극적인 순성을 하고자 노력하고 있습니다.

　내년쯤에는 가이드북도 개정판을 다시 내고, 충분하게 공급이 되었으면 좋겠다는 생각을 해보게 됩니다.

대면과 서면 인터뷰를 동시 진행했기 때문에 서면 인터뷰의 질문은 짧게 준비하였다. 그러나 왕완근 시민순성관님 지니신 한양도성에 대한 애정을 꾹꾹 눌러 담아 보내준 내용들은 기대 이상이었고, 설국도성이 하는 일의 중요성을 다시 한 번 돌아보게 해주었다. 시민순성관님 한 분 한 분이 우리의 문화재를 위해 시간과 노력을 들이시는 영웅 같다고 생각했다. 이 분들의 노고를 가슴 속에 새기고, 우리 또한 한양도성을 보존하기 위해 관심을 가져야 하지 않을까.

4.
문화재청 세계유산 정책과
정지원 선생님을 만나다

"잠정목록은 세계유산으로
등재되기 전의 가치 유지가 중요합니다."

　서울 한양도성은 현재 '유네스코 세계유산 잠정목록'에 등재되어 있다. 2017년 한양도성을 세계문화유산으로 등재 시키기 위한 움직임이 있었으나, '등록 불가' 판정을 받고 그 과정이 잠시 중단되었다. 하지만 문화재청과 서울시 등 여러 기관이 협력하여 한양도성의 가치를 발굴하고, 이를 보존하여, 장기적으로 유네스코 세계문화유산 등재에 다시 도전하려는 노력은 지금도 이어지고 있다. 설국도성은 한양도성과 같은 유네스코 잠정목록 문화재들이 어떻게 관리되는지, 유네스코와는 어떠한 협력이 이루어지는지에 대한 자세한 이야기를 듣기 위해 문화재청 세계유산 정책과 현장에서 일하시는 정지원 선생님께 연락을 드리게 되었다.

Q1. 문화재청은 '다음 세대에 문화유산을 더욱 값지게 전해준다'라는 목적으로, 희망과 풍요의 미래를 바라보고 있습니다. 문화재청 세계유산정책과에서는 어떠한 일을 하고 있으며, 정지원 선생님께서 주로 맡는 업무는 어떤 것인지 그 내용과 목적이 궁금합니다.

세계유산정책과에서는 우리나라 문화 및 자연유산을 세계유산으로 등재하고, 세계유산으로 등재된 유산의 보존과 관리를 위한 지원 업무를 주로 하고 있습니다. 저는 세계유산으로 등재하기 전에 거쳐야 할 단계인 잠정목록 등록 업무와 세계유산 홍보사업, 국고보조금 지원, 세계유산의 보존 관리를 목적으로 하는 국제기구와 협력 등의 업무를 주로 하고 있습니다.

Q2. 한양도성뿐만 아니라 낙안읍성, 김해, 함안 가야 고분군과 같은 여러 문화유산과 자연유산이 세계유산 잠정목록에 등재되어 있습니다. 이렇게 잠정목록으로 선정된 문화유산만 유네스코 세계문화유산으로 등재될 수 있는 자격을 지닌다고 알고 있습니다. 어떤 기준으로 잠정목록에 들어가는 유산을 선정하는지, 그리고 그 선정 과정은 어떠한지 설명 부탁드립니다.

세계유산 잠정목록은 세계유산 등재 신청에 적합하다고 판단한 대상으로서 각국 영토 내 위치한 유산의 목록을 의미합니다.

잠정목록으로 선정된 유산은 잠재적으로 탁월한 보편적

가치가 있다고 여겨지며 향후 세계유산으로 등재 신청을 하려는 유산의 상세한 정보가 세계유산센터 홈페이지에 게시되어 전 세계에 미리 공개됩니다.

잠정목록은 세계유산 등재 전 단계인 만큼 세계유산으로 선정되기 위한 조건인 탁월한 보편적 가치 10개의 평가 기준 중 한 가지 이상을 충족해야 하며, 유산의 진정성, 완전성, 보호 관리 체계를 갖추고 있음을 잠정목록 신청서를 통해 충분히 설명할 수 있어야 합니다.

우리나라의 잠정목록 선정은 첫 번째로, 각 지자체에서 해당 지역에 있는 유산 중 잠정목록으로 신청하고자 하는 대상에 대해 신청서를 문화재청에 제출합니다. 두 번째로 세계유산정책과에서는 문화재청 문화재위원회(세계유산분과)의 심의를 거쳐 타당하다고 판단되는 유산을 잠정목록 신청 대상으로 결정하고, 신청서를 보완하여 유네스코 세계유산센터에 제출합니다. 최종적으로, 센터의 검토를 거쳐 잠정목록으로 등록되게 됩니다.

Q3. 문화유산이 잠정목록으로 등록된 이후에 해당 문화유산을 관리하거나 보존하는 방식이 달라지는지 궁금합니다. 만약 달라진다면, 현재 한양도성의 관리 방식이 잠정목록에 등재되기 전과 후에 따라 어떻게 변화했는지 설명 부탁드립니다.

잠정목록은 세계유산으로 등재되기 전까지 그 가치의 유

지 또는 발전이 중요합니다. 우리나라에는 세계유산 우선 등재 대상으로 선정되어야 신청서를 제출할 수 있는 자격이 주어집니다. 이를 위해서는 문화재청 문화재위원회 심의를 통과해야 하며, 세계유산에 맞는 가치 발굴을 위한 학술연구가 필요합니다. 문화재청에서는 이와 관련한 예산 등을 지원하고 있습니다. 물론 유산이 훼손되지 않고 그 자리에 잘 남아 있도록 관리하는 것도 중요하겠지요.

Q4. 우리나라는 2017년 한양도성을 유네스코 세계문화유산으로 등재하기 위해 노력했으나, ICOMOS의 사전심사 결과에서 '등재 불가' 판정을 받아 신청을 철회한 전적이 있습니다. 그 피드백을 받아들여 현재 북한산성과 한양도성을 함께 등재 하는 방안을 추진하고 있다고 알고 있습니다. 이런 방안을 선택한 이유와 앞으로의 계획이 궁금합니다.

ICOMOS에서는 한양도성을 유네스코 세계문화유산으로 등재 하는 것에 대해 등재 불가를 권고하여, 등재 신청 철회를 한 것으로 알고 있습니다. 한양도성과 북한산성의 각 연구진에서는 더 경쟁력 있는 탁월한 보편적 가치 발굴을 위해 함께 등재를 검토하고 있는 것으로 알고 있습니다. 두 유산에 대한 깊이 있는 연구를 통해 시너지 효과를 낼 수 있는 가치를 발굴하여 세계유산이 될 수 있다면 정말 좋을 것 같습니다.

Q5. 정지원 선생님께서는 세계유산 홍보와 관련된 업무 또한 담당하고 계시는 것으로 알고 있습니다. 문화유산을 홍보할 때

중요하게 여겨야 하는 가치와, 사람들에게 문화재의 가치를 더 효과적으로 알리는 방안에는 무엇이 있을까요?

　세계유산의 가치를 인정하는 탁월한 보편적 가치 기준은 전문적 용어 때문에 일반 국민이 보기에는 쉽게 와 닿지 않을 수 있습니다. 이 가치 기준을 충분히 숙지한 전문 해설자의 컨설팅을 통해 세계유산을 쉽게 경험하고 이해할 수 있는 다양한 플랫폼과 콘텐츠를 지속해서 개발하고 수요자에게 전달하는 것이 중요할 것입니다. 또한 세계유산에 대한 현세대의 인식과 기대하는 바를 정기적으로 파악하여 그 피드백을 홍보 전략에 녹여내는 환류 시스템이 작동해야 효과적인 홍보가 가능할 것으로 생각합니다.

서면으로 진행된 정지원 선생님의 인터뷰를 통해 잠정문화 유산의 가치와 다양한 기관과 단체에서 기울이는 노력을 느낄 수 있었다, 또한, 잠정 문화유산으로 등재되기 위한 과정에서도 지자체와 주변 주민들의 문화재를 향한 관심이 필요하다는 것을 알 수 있었다. 하지만 어떤 문화유산이든 그 가치가 명칭으로 한정되지는 않는다고 생각한다. 세계 잠정유산, 등재된 세계유산, 등록문화재, 미래유산 등, 우리나라의 문화유산에 붙여진 명칭은 모두 다를 것이다. 그러나 전부 우리가 지속적으로 관심을 가지고 보존해 나가야 할 역사의 산물이며, 훼손되지 않는 가치를 지켜 후손들에게 물려줘야 할 소중한 정신이다. 문화재청의 신념처럼, 다음 세대에 문화유산을 더욱 더 값지게 전달할 수 있었으면 좋겠다.

5.
한양도성과 사람들,
백악산 주무관님을 만나다.

"백악산은 과거나 현재나 중요한 역할을
담당하고 있는 곳입니다."

   한양도성은 백악산, 인왕산, 남산, 낙산 크게 4개의 산을 걸쳐 축조되었다. 저녁 시간에 이 높은 산들을 바라보면 은은하게 조명에 비추어진 한양도성이 견고하게 자신의 자리를 지키고 있는 모습을 발견할 수 있다. 낙산, 남산의 경우에는 야경의 명소로 더 유명한 만큼 밤에도 성곽길과 서울의 야경을 보기 위해 사람들의 발걸음이 끊이지 않는 장소이다. 반면, 한양도성의 백악 구간은 저녁 시간이 되면 사람들의 출입이 통제된다. 제한된 방문 시간, 그리고 조선 시대부터 현대사까지 여러 가지 역사적인 사건들이 더해져 백악산은 우리에게 비밀스러운 느낌을 주기도 한다. 이러 신비로운 백악산에 대해 더 자세히 알아보기 위해 설국도성은 백악산 창의문 안내센터를 직접 방문해, 한양도성 백악산 소장님을 만나 뵙게 되었다.

Q1. 한양도성은 남산, 낙산, 인왕산을 거쳐 백악산까지 서울의 다양한 지역을 둘러싸고 있는데요, 그중에서 이 백악산 한양도성 '백악산'은 조선 시대에 현재의 북악산을 명칭 하던 용어입니다. 이 책에서는 모두 백악산[3] 구간만이 가지고 있는 특성이 있다면 무엇인가요?

조선 시대 당시, 선조들은 백악산, 남산, 인왕산까지 굉장히 넓은 면적에 걸쳐 수도 방위 개념으로 한양도성을 축조하였습니다. 한양도성이 지나가는 여러 산 중 백악구간은 경복궁과 제일 가까우며, 걸어서도 쉽게 갈 수 있습니다. 그래서 백악산은 조선 시대에 경복궁을 지키는 수도 방위 사령부의 군사기지 요충지로 사용되었습니다. 백악산 성곽이 무너지면, 경복궁에 살고 있는 군주도 큰 타격을 입을 수 있었습니다. 한 가지 예로, 광해군 때 능량군(인조)이 광해군을 몰아내기 위해서 인조반정을 꾀한 곳이 이곳 창의문이었습니다. 이처럼 백악산은 군주가 왕권과 왕위를 지키는 마지막 보루라고 할 수 있습니다. 역사적으로 특히 중요한 장소라는 특징이 있죠.

Q2. 시민들이 언제나 찾아갈 수 있는 다른 한양도성 구간과는 달리, 2019년 이전의 백악구간은 반드시 신분 확인 절차가 있어야만 들어갈 수 있었습니다. 이후 확인 절차가 생략되고, 2020년 11월 이후에는 기존에는 개방하지 않은 구간까지 시민들에게 개방하게 되었는데요, 그 일련의 과정들을 설명해주

---

3. 한양도성 '백악산'은 조선 시대에 현재의 북악산을 명칭 하던 용어입니다. 이 책에서는 모두 백악산으로 표기를 하였습니다.

　백악산 정상에는 '백악마루'가 있습니다. 백악산 바로 아래에는 청와대가 있어서 백악마루에서는 정말 청와대가 보일 듯 말 듯 하기도 하죠. 사실 백악산도 여타 다른 한양도성처럼 제한 없이 개방된 장소였습니다. 그러나 1968년 1월에 발생한 '김신조 사건[4]'으로 인해 그 이후로부터 백악구간은 전면 폐쇄가 되었습니다. 40여 년간 폐쇄된 상태가 이어지다가, 2007년 4월에 다시 시민들에게 개방되었습니다. 물론 개방 직후에는 어느 정도의 통제는 있었습니다. 신분증 검사와 방문자기록을 실행했었는데, 특히 신분증 검사 절차에서 시민 분들이 어려움을 겪으시더라고요. 신분증을 지참하지 않아 입구에서 발걸음을 돌이켜야 하

4. 1.21 사건

는 분들도 계셨습니다.

그래서 이제는 신분증 검사 절차를 생략하고, 표찰 명패 지급으로 대체를 하면서 어느 정도 백악산 탐방을 하기 위한 절차는 완화가 되었습니다. 하지만, 여전히 백악산 바로 아래에는 청와대가 보이는 군사지역인 만큼 관리가 필요한 민감한 지역이기 때문에 내부적으로 보안이 필요하긴 하죠. 제한 시간 안에 탐방객들이 모두 하산하였는지, 탐방로를 이탈하시는 분들은 없는지 효율적으로 관리하고, 간단한 취식은 괜찮지만 지나치게 음식을 먹거나 혹은 음주하시는 분들을 막기 위해서 CCTV 설치와 순찰을 강화하는 방향으로 바꾸면서 시민 분들께는 이전부터 좀 더 번거로운 절차 없이 자유롭게 탐방할 수 있도록 길을 열어드렸습니다.

Q3. 백악산 등산의 시작인 각 안내소 및 성곽에서 북악스카이웨이 사이의 성곽 북 측면, 청운대에서 곡장 구간의 성곽 외측 탐방로는 개방된 지 얼마 되지 않아 사람들에게 익숙하지 않을 것 같습니다. 각 안내소와 구간에 대해 자세히 설명해주실 수 있으신가요?

처음에 백악 구간에 한양도성 안내소가 생긴 곳으로는 성북동에서 올라오는 숙정문 안내소, 와룡공원에서 올라오는 말바위 안내소, 창의문안내소가 있습니다. 각 안내소의 특징으로는 숙정문안내소는 숙정문 근처에 바로 자리잡고 있어서 사람들이 많이 이용하기도 하며, 올라오는 길이 수월합니다. 말바위 안내소는 주민들이 자주 이용하시고, 일반 시민들은 잘 모르는 안내소입니다. 창의문안내소는 급경사가 매우 심하므로 여름철에는 등산을 하는 것이 힘들 수 있어요. 정말 온몸이 다 젖을 수 있거든요. 하지만, 등산 철인 봄, 가을에는 산 정상에 올라갔을 때 등산의 희열감을 느낄 수가 있는 곳입니다. 그래도 창의문 안내소를 제외한 다른 안내소 코스들은 경사도 완만하고, 계단의 수도 그렇게 많지 않다고 합니다.

북측에 있는 청운대와 곡장 안내소는 작년 7월에 새롭게 개방한 곳입니다. 새로운 안내소이기 때문에 잘 모르시는 분들도 계실 거예요. 새롭게 생긴 청운대와 곡장 두 안내소는 부암동 사시는 주민 분들, 백사실 계곡 지역 주민들이 주로 많이 이용하시는 것 같습니다. 코스의 특징은 경사로가 완만하다는 것과 숲길을 지나가는 등산로이기 때문에 시원하기도 하고 나름의 운치가 있어 같이 등산하는 분들과 소소하게 대화를 하며 걸을 수 있다는 것입니다.

여러분께 백악산 등산의 하나의 팁을 드리자면 기존의 3가지 안내소인 창의문, 숙정문, 말바위에서 등산을 시작하고, 내려오는 곳을 새로 생긴 곡장, 청운대 안내소로 걸어보는 것을 추천해 드리고 싶네요. 여러 가지 문화유산을 둘러볼 수도 있고, 여러 맛집도 많이 있어 소소하고 확실한

행복을 찾기 위해 새로운 두 코스로 내려오시는 것을 추천합니다. 백악산은 '등산은 하고 싶지만, 관악산처럼 높은 산'을 원하지는 않는 분들께 추천해 드려요. 처음 산행하시는 분들도 무리 없이 도전하실 수 있는 산입니다. 왕복으로 다시 출발지점으로 돌아와도 2시간 정도, 혹은 다른 안내소로 넘어가는 등산은 1시간에서 1시간 30분 정도 걸리기 때문에 등산을 처음 도전하시는 분들에게도 전혀 부담이 없는 산입니다.

Q4. 백악산 한양도성을 방문하는 방문객들은 주로 어떤 분들이신가요? 인상 깊었던 방문객이나 사건이 있는지 궁금합니다.

주로 평일에는 지역 주민 분들이 많이 이용하십니다. 안내소가 문을 여는 시간인 오전 7시가 되자마자 운동을 하기 위해 등산하시는 분들도 있어요. 말바위 안내소로 정말 매일매일 백악산을 오르기 위해 오시는 분이 떠오르네요. 또 지역 주민 분들 중에 일주일에 두 세 번씩 꼭 산행하시는 분들이 있습니다. 주말이나 봄, 가을에는 일반 탐방객들이 많이 오십니다. 삼삼오오 모여서 방문하시는데, 백악산이 너무 험하지도 않고, 담소 나누기도 좋은 구간이기 때문에 많이들 오시는 것 같습니다. 더 많은 분이 방문했으면 좋겠네요.

Q5. 앞으로 백악산 한양도성이 시민들에게 더 알려지고, 많이 찾는 장소가 되기 위해 어떠한 역사문화 교육의 공간으로 조성될 계획인지 궁금합니다.

지금도 다른 지역 낙산, 인왕산, 남산들은 문화행사 및 공연들이 작게나마 이루어지고 있습니다. 저희는 올해부터 공연과 해설을 진행하려고 준비를 하였지만, 현재 코로나 상황으로 인해 시행을 못 하고 있습니다. 일단 코로나 상황이 괜찮아져야 할 것 같아요. 또한, 백악구간이 군사지역이다 보니 공연을 진행하는 것이 다른 지역처럼 제약 없이 자유롭게 진행할 수가 없습니다. 지금까지 한양도성 백악구간이 다른 구간에 비해 홍보가 조금은 활발하게 진행되지 않았었지만, 현재 다양한 문화행사들을 백악구간도 구상하고 있고, 이것이 활성화가 되면 시민들에게 백악산이 더 알려지고, 탐방객들도 더 늘어나길 기대하고 있습니다.

Q6. 백악산 한양도성 소장님으로서 주로 하시는 업무는 무엇인지 여쭤보고 싶습니다.

제가 주로 하는 업무는 사업계획, 예산집행, 인력관리, 시설관리, 관계기관과의 연계로 나눌 수 있을 것 같습니다. 한양도성은 문화재청에서 예산을 받아 자체 사업이 운영되고 있는데요, 사업계획을 수립하고, 인력은 어떻게 할 것인가, 문화행사는 어떻게 진행할 것인지, 안내소와 같은 시설들의 관리는 어떻게 진행할 것인지를 전반적으로 구성하고 집행하는 일을 하고 있습니다. 또한, 백악산 구간은 현재 관계기관들과도 긴밀하게 협력하며 함께 일을 해나가고 있습니다. 서울시의 한양도성과 종로구청 그리고 군사지역이라는 특성 때문에 군부대에 있는 수방과와도 업무 협조가 유기적으로 이루어지고 있습니다. 업무들이 저희만 할 수 있는 것도 아니고, 관계기관들이 서로 합심해서 해야 하는 부분들이 있습니다.

저는 백악산 한양도성 소장이 되고 난 이후에는 2007년부터 있었던 창의문, 숙정문, 말바위 3개의 안내소가 시설이 많이 노후화가 되었기 때문에 시설관리와 노후화된 시설을 교체하는 것을 중점적으로 진행을 해왔습니다. 탐방객들에게는 더 나은 탐방 환경을 제공하기 위해 발열 체크, 정수기 설치 등을 하며 노력하고 있습니다. 몇몇 분들은 발열 체크를 하고, 패찰을 매고 등산을 하는 절차들이 불편해하시기도 합니다. 하지만 한양도성과 우리를 지키고자 하는 공공의 목적이기 때문에 이런 측면에서 생각하면 보람을 느끼고 있는 부분이기도 합니다.

Q7. 백악산 한양도성 소장님이 추천하는 북악산 한양도성의 명소가 궁금합니다. 어떻게 하면 백악구간을 제대로 느끼고 즐길 수 있을까요?

저는 창의문안내소에서 올라와서 청운대와 백악마루를 보는 것을 추천해 드립니다. 곡장 안내소도 추천해 드리고 싶네요. 중간지점에 있어서 어디에서 시작하시던 갈 수 있는 곳인데요, 곡장에서 올라가면 전망대가 있습니다. 그곳 전망대의 보는 경치가 제일 높기도 하고, 정말 너무 좋습니다. 북한산도 보인답니다.

백악산 등산 추천 시간은 오전에는 9시에서 9시 30분쯤, 오후에는 늦은 시간 3~4시입니다. 백악산은 탐방 가능 시간에 제한이 있어서 5시 이전에는 무조건 들어 오셔야 한다는 점 꼭 주의해주세요. 봄에는 꽃들이 많이 피워서 높은 곳에서 인왕산이나 북한산 진달래 개나리가 촥- 펼쳐진 풍경을 보면 장관입니다. 겨울 동안 마른 숲에서 파릇파릇한 이파리들이 펴서 산 전체가 녹색으로 변했을 때 새로운 기운을 느끼실 수 있습니다.

Q8. 소장님께 한양도성은 어떤 의미인가요?

첫 번째로, 백악산은 도심 속에서 힐링할 수 있는 공간, 편하게 올 수 있는 산, 남녀노소 누구나 올 수 있는 산이라는 생각이 드네요. 다른 산들은 난도가 있어 어린이, 어르신에게는 어려움이 있을 수 있지만, 이곳은 누구나 올 수 있는 시민의 산이라고 할 수 있을 것 같습니다.

두 번째로, 백악산이 역사적으로 경복궁, 현재는 청와대의 근처에 있어 굉장히 중요한 산이라는 의미가 있네요. 과거에는 백악산에서 육조 거리까지 다 보이고, 지금은 광화

문이 다 보이기 때문에 전략적 군사 요지가 되지 않나 생각이 듭니다. 다른 산처럼 시간도 자유롭지 못하고, 어느 정도의 통제도 있어 아쉽기도 하지만 북악산을 지키기 위해 조금은 제한을 두는 것이 길게 보면 좋은 방법이지 않을까 생각해요.

세 번째로, 한양도성은 조선 건국 초기부터 축조하였기 때문에 시대별 조선의 건축사가 총 망라되어 있습니다. 조선 시대 전기, 후기, 완전 후기까지의 건축기술이 남아 있고, 거기에서 느낄 수 있는 도성의 건축 방식을 볼 수 있는 곳이 한양도성의 성곽입니다. 선조들이 성곽을 어떻게 지었는지 잘 볼 수 있는 곳이 백악산 한양도성이지 않나 생각이 듭니다.

설국도성이 방문한 날은 아주 더운 여름날이었음에도, 많은 사람이 등산복 차림을 하고 백악산을 오르기 위해 창의문 안내소로 발걸음을 하시고 있었다. 또한, 창의문 안내소에서는 등산하시는 시민 분들의 안전과 백악산의 보존을 위해 주말임에도 불구하고 쉼 없이 노력하고 계시는 분들을 만나 뵐 수 있었다. 또한, 한양도성 백악산에 대해 의미 있는 답변을 해주시기 위해 직접 손으로 내용을 작성해가며 준비해주신 소장님의 모습을 보며 한양도성을 향한 애정을 느낄 수 있었다. 우리 설국도성에게도 앞으로의 활동을 진행하는 데에 필요한 추진력을 얻어갈 수 있는 시간이었다. 선선한 가을바람이 불 때, 잎사귀와 꽃잎들이 만개한 봄날 누구나 가기 좋은 한양도성 백악산으로 가벼운 등산을 나서보는 것은 어떨까?

6.
재단법인 내셔널트러스트 문화유산기금
송지영 학예사를 만나다

・

●

"옛집이라는 이름처럼 말랑말랑한 공간"

수많은 예술가가 사랑한 마을답게 성북동은 서울의 다른 동네에서는 쉽게 느낄 수 없는 고즈넉하면서도 고풍스러운 분위기를 간직하고 있다. 북악산 어귀에 난 좁은 골목 사이로 한옥과 현대식 건축물들이 어우러진 풍경이야말로 한국적인 풍경의 정석이라고 할 수 있다. 그러나 그러한 성북동에서도 최순우 옛집만큼 풍부한 이야기와 예술성을 가진 곳은 찾기 쉽지 않다.

이 집의 옛 주인이셨던 최순우 선생님께서 국립중앙박물관의 관장으로 지내시며, 한국의 전통문화와 현대예술의 부흥을 위해 힘쓰셨다는 사실은 이 집이 지닌 독특한 분위기를 수긍하게 만든다. 하지만 지금 시점에서 최순우 옛집이 더욱 중요한 이유는 이곳이 시민의 손으로 문화재를 지키는 '내셔널트러스트' 운동의 첫 성과이기 때문일 것이다. 설국도성은 온전히 시민의 힘으로 문화재를 지켜낸 사례라는 점에 주목하여 최순우 옛집 측과 문화재의 보호와 활용에 대해 이야기할 소중한 기회를 얻게 되었다. 송지영 학예사님께서는 본인의 경험을 아낌없이 풀어주시며 질문마다 뜻깊은 이야기를 해주셨다.

Q1. 요즘 우리 전통과 같이 다른 나라에서는 찾기 힘든 요소들이 국내에서 새롭게 주목을 받는 것 같습니다. 최순우 옛집이 그러한 맥락에서 지닌 특징이 있을까요?

최순우 옛집은 근대 문화유산입니다. 사실 그동안 대중적으로 근대 문화유산의 중요성이 간과됐습니다. 실제로 1930년대에 지어진 근대유산이라는 점에서 최순우 옛집에서 '전통적 맥락'은 찾기 어려울 수 있습니다. 그러나 최순우 옛집이 지닌 가치는 '최순우'라는 인물이 살던 자취가 지금까지 남아 있다는 점에서 옵니다. 집주인의 성격을 반영하듯 집 곳곳에서는 조선 시대 선비처럼 조촐하고 소박한 멋이 드러납니다.

또한, 국립중앙박물관 관장으로서 전통을 연구하는 동시에 현대미술 작가들과 적극적으로 교류한 분답게 당대 문화적인 맥락이 집안 곳곳에서 드러납니다. 이러한 근대 문화유산이 서울에 많이 남아 있지 않으며, 특히 이곳이 전

통적인 가치와 현시대의 보존의식이 결합 되어 시민 문화
유산으로 지금까지 이어져 오고 있다는 점에서 가치 있다
고 할 수 있겠습니다.

　Q2. 최순우 옛집은 사라질 위기에 처한 우리의 문화유산을
시민의 손으로 살린 사례입니다. 지금도 전국의 다양한 문화유
산들이 위기에 놓여있습니다. 최순우 옛집의 보존 과정에서 배
울 만한 점들이 있을까요?

　처음에 중요한 것은 '추진력'과 '구심점'입니다. 최순우
옛집이 처음 시민 문화유산으로 지정될 때와 같은 시기에,
원서동에 있는 우리나라의 첫 서양화가이셨던 고희동 선
생의 한옥 자택이 파괴될 위기에 처해 있었습니다. 이에 미
술계와 지역 주민들로부터 보존 요구가 있었으며 결국 서
울시에서 이를 매입했습니다. 그러나 고희동의 한옥 자택

은 오랜 시간 적절한 활용 방안을 찾지 못한 채 방치되어 있었습니다. 다행히 2012년에 내셔널트러스트 측에서 고희동 씨의 유족분과 만나 이를 활용하기 시작하며 현재는 종로구립 고희동 미술관으로 발전하게 되었습니다. 결국 문화재를 '활용'하는 것이 지켜내는 것만큼 중요하다고 할 수 있겠습니다. 의지만 있다고 끝이 아니라, 적절한 예산과 활용 방안이 필요합니다.

'최순우 옛집' 보존 사례의 긍정적인 측면을 다른 문화재를 보존할 때 같은 맥락에서 적용하기 어려울 수 있습니다. 다만 문화재가 지닌 가치와 이를 지켜냈을 때 품고 있던 마음가짐을 지속해서 공유하고 누릴 수 있게 하는 것에 지속적인 노력이 필요하다는 점을 말씀드리고 싶습니다. 요즘에는 오래된 건물을 카페나 복합문화공간으로 재탄생시켜 활발하게 활용하는 좋은 사례들이 많은데, 이를 오랜 시간 지속시키기 위해서는 각계의 역할이 맞아떨어져야 한다고 할 수 있습니다.

Q3. 최순우 옛집은 '시민문화유산 1호'라는 이름으로 알려져 있습니다. 그래서 아무래도 방문객의 구성이 다른 문화유산들과 조금 다를 것 같은데, 혹시 방문객들의 특징이 있을까요?

오히려 '시민' 유산이기 때문에 다른 문화유산들과 조금도 다르지 않습니다. 시민들과 함께하는 것이 목적이고, 실제로도 그러고 있기 때문입니다. 그럼에도 특기할 만한 점이 있다면, 다른 문화유산보다도 지역 주민에게 더 가깝고 친밀한 공간으로 자리 잡는 부분이 있습니다. 엄숙하고 거창한 문화재가 아니라 생활에 가까운 장소로 남아 미래세대들과 공유하는 것이 '최순우 옛집'의 목표인데, 그러한 목표에 맞게 지인과 동행하는 반복 관람이 많은 것 같습니다. 명절 때가 되면 4~50대분들이 가족을 데리고 오셔서 자신도 옛날에 이런 집에 살았다는 것을 보여주시기도 합니다. 대학생 자원봉사자 분들이 결혼해서 아이와 함께 이곳을 다시 찾아주시기도 합니다. 최순우 옛집의 방문객들은 다양한 방식으로 이곳과 인연을 이어가고 있다고 할 수 있습니다.

Q4. 최순우 옛집은 특별전 개최, 특별한 날의 행사, 음악이 꽃 피는 한옥 등 다양한 문화예술행사들이 열고 있는 것으로 알고 있습니다. 주로 어떠한 행사가 열리는지, 또한 가장 인상

  최순우 선생의 삶과 활동을 소개하는 전시, 해마다 5월 개최되는 시민축제, 음악회, 문화가 있는 날 행사, 시민문화유산 지킴이 양성교육 등 시민과 자원활동가들의 재능기부와 참여로 다채로운 행사를 개최하고 있습니다. 또한 예술인과 협력 바탕으로 최순우 옛집에서 영감을 받아 작곡을 하거나 영상작품, 게임 등을 만드는 프로젝트도 진행하고 있습니다. 저에게는 지금까지 진행했던 모든 프로젝트 하나하나가 소중하고 인상 깊습니다.

  하지만 '행사'와 '프로그램'보다 더 중요한 것은 이러한 행사와 프로그램에 참여하시는 분들이라고 생각합니다. 지금은 최순우 선생님께서 쌓아 오신 역사를 지켜나가고 알리고 있지만, 어느 순간부터는 이곳을 찾아오시는 분들이 만들어온 역사가 더 커지리라 생각합니다.

  Q5. 이렇게 다양한 프로그램을 진행하는 이유가 따로 있을까요?

  이곳이 '시민' 문화유산이라는 점도 있지만, 최순우 선생님의 힘이 크다고 생각합니다. 정말 다양한 예술인들을 도와주셨고, 지금은 저희가 그분들로부터 도움을 받고 있습니다. 또한 민간에서 운영하고 있어서 형식에 얽매이지 않는다는 점도 있다고 생각합니다.

-사진 제공: 최순우 옛집-

Q6. "문화재를 많이 '활용'할수록 문화재를 '보존'하기는 더 힘들어질 것 같은데, 이러한 마찰은 어떻게 해결하고 계시는가요?"

예전에는 무조건 '보존'이 우선이었다면, 요즈음은 분위기가 많이 바뀐 것 같습니다. 궁궐에서도 야간 개장, 음식 체험 등 다양한 행사를 개최하며 개방적으로 바뀌고 있습니다. 물론 이러한 '활용' 방침이 위험부담이 큰 것도 사실이기에 서로의 배려가 필요한 부분입니다. 저희의 경우에는 나머지 내부 공간은 모두 개방하면서도 사랑방 안쪽은 막아서 양측이 불편할 상황을 사전에 막고 있습니다. 당연히 지켜야 할 것은 지켜야겠지만, 시대가 변하면서 문화유산을 바라보는 사람들의 시각이 달라지고 관리자들의 인식도 이에 맞춰 달라지고 있는 것 같습니다.

또한 최순우 옛집이 '집'이기 때문에 저희가 '활용'에 적극적인 측면도 있습니다. 집은 사람이 살지 않으면 오히려 더 빨리 망가집니다. 겨울에는 너무 춥기도 하고, 집과 나무들도 잠시 쉬게 하자는 의미에서 휴관하지만, 나머지 기간에는 집에 계속해서 '살아있도록' 자주 관리하며 운영하고 있습니다. 결국 '보존'과 '활용'은 결코 상충 되는 것이 아니라고 생각합니다. 그렇게 생각하실 수 있겠지만, 문화유산과 관련된 일을 하고 계신 분들은 상충 된다고 생각하시지 않을 겁니다.

Q7. 최순우 옛집은 서울에서도 문화유산이 풍부한 지역 중 하나인 성북구에 있습니다. 한양도성 등 주변의 문화유산과 연계되는 프로그램들이 있을까요?

사실 한양도성과 관련된 활동은 많이 진행하지 않았습니다. 그러나 최순우 옛집은 오랜 시간 시민 문화유산으로 자리하면서 성북구의 다양한 문화유산들과 교류하고 있습니다. 2009년부터 성북구청에서 성북구에 거주하는 예술인들을 조사하는 책을 총 6권 출판했는데, 이때 저희가 도움을 드렸습니다. 역사적인 인물들의 자취를 찾는 활동에서도 성북구에서 시작해 돈암동과 정릉동으로 확장하며 진행하고 있습니다. 성북구의 문화자원을 새롭게 발굴하기도 했고, 답사코스를 만들기도 했습니다. 성북동 야행이라는 행사도 정기적으로 참여하고 있으며, 이 기간에는 밤에도 최순우 옛집을 개장하고 있습니다. 또한 건너편에 있는 자수박물관이나 선잠 박물관 등을 서로서로 홍보하고 있습니다. 성북구의 경우 주민 모임이 활발한 편인데, 주민분들과 함께 운동회를 하기도 하는 등, 지역사회와의 네트워킹이 활발하게 이루어지고 있습니다.

Q8. 내셔널트러스트 문화유산기금 소개와 추구하는 가치에 대해 간단히 소개 부탁드립니다.

내셔널트러스트의 목표는 '시민이 함께 누리고 시민이 같이 지키자', '미래세대를 위한 100년'이라고 할 수 있습니다. 우리가 지키지 못한 채 사라진 유산도 있잖아요? 그 과정에서 사람들의 생각이 변하는 과정, 그리고 그 결과까지도 저희가 추구하는 가치라고 할 수 있습니다. 저희 재단은 2004년 최순우 옛집을 개관하면서 발족 되었습니다. 내셔널트러스트 운동은 문화유산과 자연유산을 구분하지 않고 보존대상으로 삼지만, 행정적으로 문화유산은 문화재청, 자연유산 보존 단체는 환경부 관할이라는 구분이 있는 점은 아쉬운 점입니다. 저희 재단은 '문화유산' 보호에 초점을 맞추어 최순우 옛집 이외에도 '도래마을 옛집'을 매입하고 '권진규 아틀리에'를 기증받아 운영하고 있습니다.

또한, 저희가 '직접' 보존하는 경우도 있지만, 컨설팅이나 전시를 하거나, 위탁운영을 하는 경우도 있습니다. 가령, 윤극영 선생님의 집을 서울시가 매입했을 때 저희가 소장품을 정리하고 전시를 했던 적이 있습니다. 또한 서울시 공공한옥을 저희가 컨설팅부터 위탁 운영을 하였습니다. 그밖에도 '최순우 옛집'과 같이 '역사적 인물의 가옥박물관'이라는 카테고리 내에서 활동하며 '장욱진 가옥', '만해기념관', '한무숙문학관' 등과도 교류하는 등 다양한 활동을 하고 있습니다.

Q9. 문화유산은 국가의 관리를 받는 존재라는 인식이 널리 퍼져 있습니다. 시민문화유산 1호로 등재된 최순우 옛집처럼 시민문화유산으로 관리되는 문화유산들은 관리, 지원, 운영 측면에서 다른 문화유산들과 어떻게 다른가요?

왜 나랏돈을 받지 않고, 직접 힘들게 하냐고 묻는 분들이 계세요. 사실 지정문화재는 종류가 다양해서, 국가에서 지원하는 방법도 각기 다릅니다. 등록문화재의 경우, 소유자의 의지가 보존 과정에서 가장 큰 영향을 미치는 문화재라고 할 수 있습니다. 기본적으로 소유자나 관리단체가 관리하게 되어있기 때문입니다. '최순우 옛집'도 등록문화재이기 때문에 보수가 필요할 때 경중과 긴급도를 따져서 '보수 기금'을 지원받을 수 있지만, 사실 쉽지 않습니다. 지난번에 '권진규 아틀리에'의 천장이 떨어지려 해서, 긴급 보수지원을 신청했는데 탈락했던 경험이 있습니다. 다행히 네이버 해피빈으로 모금을 받아 문제를 해결할 수 있긴 했습니다. 저희 재단의 경우 기본적으로 후원금을 통해 운영하고 있으며, 다양한 모금 방법을 모색하고 있습니다.

Q10. 내셔널트러스트 문화유산기금은 역사문화 보존 활동 중에서도 특히, 역사 인물의 삶이 담긴 역사 가옥과 전통 마을을 중심으로 활동하고 있다고 알고 있는데요, 현재 시민 문화

유산으로 2호 도래마을 옛집과 3호 권진규 아틀리에 이외에도 시민들의 관심과 함께 보존해야 할 또 다른 역사 가옥과 전통 마을이 있다면 소개 부탁드립니다.

부천 역곡동의 주택단지 개발 부지 내에 있는 오래된 한옥에 사시는 분께서 연락을 주신 적이 있습니다. 한옥 보존에 대해서 부천시 측에도 의견을 냈지만, 이전하여 보존될 가능성이 큽니다. 한옥은 해체 후 다시 짜맞추어 짓는 것이 가능합니다. 하지만, 집이라는 것이 장소도 중요하다는 점을 생각하면 아쉽습니다. 최순우 옛집도 최순우 선생님이 사시던 이곳 다양한 문화예술인이 거주했던 성북동에 있어 있어서 더욱더 의미가 있는 것이죠.

더군다나 요즘은 주택단지의 가치가 올라가며 문화재의 가치가 절하된다는 것을 생각하면 많이 아쉽습니다. 울산시에서도 오래된 한옥을 지키고 싶어 하시는 분으로부터 연락을 받았습니다. 하지만 대규모 개발이 예정되어 있었기 때문에 한 가구만 보존하기는 어렵다는 점 때문에 보존이 될 가능성이 낮은 상황입니다. 생각보다 전국에 집성촌의 한옥과 같은 오래된 역사 자산이 많이 남아 있습니다. 성북구 같은 경우에는 다행히 그러한 자산이 많이 보존되어 있는데요, 그런데도 모든 문화재가 지켜진 것은 아닙니다.

가령 박경리 선생님이 『토지』를 처음 집필한 집은 현 소유주의 반대로 보존이 어려운 상태입니다. 이러한 문화유산의 경우, 소유자분들의 사유재산이자 생활 터전이기 때문에 보존을 강제할 수 없습니다. 역으로, 보존하겠다고 말하면 실제 주택의 가치보다 더 높은 가격대를 부르시는 분도 계십니다. 저희가 앞서 말씀드린 사례처럼 후손이나 문화재 보존 의식을 가진 분이 소유주인 경우에는 적정한 수준에서 보존단체에 매매 또는 기증을 하시는 사례가 있지만, 일반적인 경우에는 보존이 어렵습니다. 아무래도 그분들께는 '문화재'보다 '본인의 주거지'라는 인식이 강할 수밖에 없기 때문입니다. 그래서 예전처럼 문화재를 매입하는 방식으로 활동을 지속해나가기에는 어려운 점이 많습니다. 전국에 수많은 문화재가 개발과 함께 사라지고 있지만, 반대로 의외의 장소에 의외의 문화재가 남아 있기도 합니다. 많은 관심을 가져주셨으면 합니다.

Q11. 보존에 여러 애로사항이 있는 것 같은데, 최순우 옛집이 그러한 어려움 속에서도 이렇게 보존될 수 있었던 비결은 무엇인가요?

시민들의 꾸준하고 자발적인 참여도 중요하고, 이를 이끄는 중심 인물의 힘도 중요한 것 같습니다. 최순우 옛집 보존과 저희 단체는 이화여대 교수이자 국립중앙박물관 9대 관장을 지낸 김홍남 관장님의 노력과 헌신이 큰 힘이 되고 있습니다. 최순우 선생의 지인들과 현재 문화예술계에서 활동하는 분들, 기업과 일반 시민들의 후원을 이끌어

내는 한편, 박물관과 문화재 분야의 전문가로서 시민문화유산이 지금까지 잘 보존될 수 있도록 해주신 분입니다. 또한, 지금까지 최순우 옛집을 거쳐 간 8백여 명의 자원봉사자분의 힘도 많은 도움이 되었습니다.

Q12. 선생님께 최순우 옛집은 어떤 의미인지 묻고 싶습니다.

날마다 새롭게 느껴지는 집이고, 여러 고마운 사람들을 만날 수 있는 곳이라는 의미가 있는 집입니다. 여가를 즐기러 오는 분, 문화에 관심이 있어서 찾아오는 분, 자원봉사자나 재능기부자 등 다양한 분들을 이곳에서 만나면서 좋은 경험들을 할 수 있었고, 단순히 일을 하는 직장이라기보다 삶터라는 느낌이 드는 공간입니다. 좋은 분들이 찾아주시면서 최순우 옛집이 계속 보존될 수 있는 좋은 기운이 모이는 집이 된 것 같습니다.

Q13. 이름에 고택이나 가옥 대신 '옛집'이 들어가는 것이 특이한 것 같아요.

최순우 선생 댁을 보존하면서 '최순우 옛집'이라고 명칭을 정하였다고 알고 있습니다. 문화재청 등록문화재 명칭에는 '성북동 최순우 가옥'이라고 되어 있지만, 저희 단체에서는 '최순우 옛집'을 공식 명칭으로 쓰고 있습니다. '가옥'이나 '고택'이라는 한자말 대신 '옛집'을 쓴 것은 최순우 선생이 우리말과 글로 우리 문화와 문화재를 알리신 점에 맞닿아 있다고 생각합니다. 누구나 편하게 와서 머물다 갈 수 있는 친근함을 가진 '옛집'이라는 말이 어울리는 공간이기도 합니다. 한양도성이 단순한 문화재를 넘어서 주민들의 산책로가 된 것처럼 말이죠.

Q14. 그렇다면, 선생님께 한양도성은 어떤 의미이신가요?

한양도성은 밥 먹은 뒤, '산책이라도 해야지' 하는 곳입니다. 한편으로는 숙정문을 갈 때 올라가고 또 자주 보는데도, 오히려 가까이 있어서 잘 안 가게 되는 그런 곳 같기도 해요.

소중한 유산을 보존하는 일은 우리의 몫이다. 최순우 옛집 큐레이터 님과 함께한 인터뷰는, 시민의 힘으로 지켜낸 것의 가치와 우리의 역할을 다시 한번 상기하게 했다. 문화재를 단순히 보존하겠다는 의지뿐 아니라, 이를 활용하고 그 의미를 알리는 활동이 얼마나 중요한지 느낄 수 있었다. 문화재는 과거에 지어진 것이지만, 현재를 살아가는 사람들의 행방으로 인해 새로운 의미가 더해지며 더 풍부해지는 것을 최순우 옛집에서 느낄 수 있었다. 이 글을 읽고 있는 독자 여러분도 주변에 살아 숨 쉬고 있는 역사에 관심을 가져보고, 우리의 문화유산을 더 풍부하게 만드는 데 한번 동참해 보는 것은 어떨까?

7.
돌레길 협동조합
정지혜 대표님을 만나다.

●

●

"한양도성은, 존재의 이유죠."

　종로구 혜화·명륜 성곽마을은 언덕이 많은 마을이다. 그래서 낮은 건물들이 굴곡진 지형을 따라 어우러져 있는 모습을 볼 수 있다. 꽤나 가파른 언덕을 오르다 보면, 혜화·명륜 성곽마을 주민공동이용시설 '이루재'를 찾을 수 있다. 혜화·명륜 성곽마을의 특성을 보여주듯 이곳 1층의 커다란 창문 너머에는 자연 상태의 돌벽이 그대로 보존되어 있다. 이곳은 마을 주민들이 모여 영화를 보는 등의 다양한 프로그램을 진행하고, 취식도 하고, 테라스에 장을 담아두기도 하는 다목적 공간이다. 이루재는 '돌레길 여행사'가 자리를 잡고 활동하고 있는 곳이기도 한 만큼, 곳곳에서 돌레길 여행사의 흔적을 찾아볼 수 있었다. 비가 오는 날, 우리 설국도성은 돌레길 협동조합의 정지혜 대표님을 만나 한양도성에 대한 이야기를 나누며 의미 있는 시간을 보낼 수 있었다.

시작 전에, 왜 이 협동조합 이름이 '돌레길'인지 간단하게 설명해주실 수 있나요?

돌레길은 말 그대로 '같이 돌아보자'는 의미입니다. '둘레길'은 오름이나 지방에서 많이 쓰는 단어잖아요. 그런데 '둘레길'이라는 건 왠지 혼자 도는 것 같은 느낌이 들었어요. 반면 '돌레길'이라고 하면 마치 화자가 "같이 돌아볼래?"라고 손을 내미는 것 같아서, 이런 이름을 선택하게 되었습니다.

또 하나는, '둘레길'이라고 하면 검색창 위에 올 수가 없어요. (웃음) 그래서 접근성의 측면에서 차별성을 두기 위해 이렇게 이름을 지었죠. 그래서 우리도 우리 스스로를 '돌레지기'라고 불러요. 그냥 '해설사'라고 부르지 않고, "안녕하세요. 저는 돌레지기 OOO입니다"이렇게 소개를 합니다.

Q1. 돌레길 협동조합은 어떤 단체이며, 선생님께서는 어떤 일을 하고 계신지 간단하게 소개 부탁드립니다.

돌레길 협동조합은 혜화·명륜 성곽마을의 주민 분들과 성균관 대학교 학생들이 함께 조합을 이루어서 만든 '마을 여행 협동조합'입니다. 저희는 여행사입니다. 마을 여행뿐만 아니라 기념품 소매, 출판, 디자인 같은 분야에서 영역을 넓히려고 하고 있습니다. 현재는 여행 사업에 집중을 하고 있어요.

저는 대표 정지혜입니다. 처음부터 대표 자리를 맡은 것은 아니고, 초기 대표에게 자리를 넘겨받게 되었어요. 저는 성곽마을 주민 분들과 성균관 대학교 학생들 사이의 중간다리 역할을 하고 있습니다. 비록 이 마을의 주민은 아니지만, 주민 분들과 활동을 오래 해왔습니다. 2014년 겨울부터 혜화·명륜 성곽마을과 성곽 마을 재생 사업을 함께하였고, 거의 준주민이 되었어요. 그리고 저는 성균관 대학교 건축학과 출신이니 성균관대학교에도 적을 가지고 있는 거죠. 그래서 양쪽의 입장을 이해할 수 있는 사람으로서 가교 역할을 하고 있습니다.

그리고 전체적인 기획이나 운영 지원을 담당하고 있습니다. 여기 돌레길 협동조합이 처음부터 마을 여행사를 만들 수 있었던 건 아닙니다. 자문계획가를 하면서 이런 일이 필요할 것 같다고 생각을 해서 시작을 하게 되었어요. 그 때 당시에 주민 분들이 마을의 자원과 이야기를 찾는 활동을 하고 있었습니다. 주민 공동체 공모사업에 지원해서 '혜화동 유쾌한 동행'이라는 이름으로 활동하며, 마을 이야기를 발굴한 책도 만들고 지도도 만들고… 사전에 이런 마을 여행사가 생길 수 있는 바탕이 만들어지는 상황이었죠. 그런데 이것을 하나의 사업으로 발전시켜서 해설을 하고 탐방객을 받는 것은 또 다른 일이었습니다. 그래서 학생들이 파트너가 되면 좋겠다는 생각으로 성균관대학교 창업자원단의 '캠퍼스 타운 사업'에 신청하여, 지원을 받기 시작하였습니다. 성곽마을 탐방 해설사 양성 교육을 진행하였고, 학생들과 함께하는 활동을 고민하게 되었죠. 이러한 활동을 하며 정책 연계 사회적 기업가 육성 사업에 지원을 하고, 운이 좋게 선발되어 협동조합을 만들 수 있었습니다. 그렇게 '돌레길'이 탄생하였습니다.

다른 협동조합들과 다르게 하나의 사업이 탄생한 것이네요.

그렇죠. 그냥 공동체적인 활동으로 할 수도 있었지만, 이렇게 된다면 공동체 구성원들의 책임감에 대한 문제와 조합 자체의 지속성 문제가 생깁니다. 그러나 '돌레길'처럼 하나의 사업체로 운영이 된다면, 지속적인 동기부여를 주고 책임감에 영향을 주는 것 같아요. 정식적인 형태를 갖춘 것이죠.

-사진 제공: 돌레길 협동조합-

Q2. 한양도성과 관련된 수많은 일들 중 돌레길 협동조합이 '탐방해설'을 시작하게 된 구체적인 이유가 무엇인가요?

포인트만 말씀을 드리자면, '탐방해설'이라는 것이 성곽마을의 가치를 알리는 가장 좋은 방식이라고 생각하였기 때문입니다. 가치공유 활동에서 제일 중요하게 생각하였던 것은 '일방이 아니라는 것'입니다. 우리 마을의 자원, 좋은 것들을 전달하며 화자와 청자 모두 가치공유가 가능한 것이죠. 성곽마을이 굉장히 많은데, 이들을 재개발 지역이나 달동네로만 보는 시선에 의해 평가절하 되고 있다고 생각합니다. 이곳이 아주 좋은 도심주거지라는 것을 알리고 싶었어요. 마을의 특수성과 저층 주거지로서의 가치 및 유지 이유를 가장 잘 보여줄 수 있는 것이 탐방 해설이라고 생각하였습니다.

-사진 제공: 둘레길 협동조합-

Q3. 돌레지기의 탐방 해설 교육을 진행할 때 '한양도성'뿐만 아니라 '마을'에 초점을 두고 있는 것 같습니다. 보통 한양도성 주변을 탐방한다고 하면 유적지를 으레 떠올리곤 하는데, '마을'에 초점을 맞추신 이유가 무엇인가요?

한양도성은 성곽마을이 있기 때문에 더 의미가 있다고 생각합니다. 물론 반대도 가능하죠, 도성이 없으면 우리는 '성곽'마을이 아니니까요. 다른 나라의 성곽 유산들을 보면 한양도성 같은 곳이 별로 없어요. 이렇게 주변에 주민들이 거주하고, 사람들이 실제로 살아 움직이는 곳이 없거든요. 그렇기 때문에 성곽마을이 한양도성의 의미를 고취시켜준다고 생각합니다. 지금은 잠정 유산이지만, 이후 세계 문화유산이 된다면 이를 옆에서 지켜주고 보존할 수 있는 것은 주변에 거주하는 사람들이거든요.

그리고 성곽마을 자체에도 굉장히 매력이 많아요. 한양도성에 대한 내용은 널리 알려져 있지만, 그에 반해 주변 마을에 대한 기록은 별로 없습니다. 그것이 안타까웠어요. 성곽마을은 마을 별로 이야기가 다 다르고, 계속 변화하고 움직이는 공간입니다. 도성이 변치 않는 유산이라면, 그 주위를 둘러싼 마을은 변화하는 유산인 것이죠. 지형에 맞춰 자연스럽게 얹혀있는 성곽과, 그에 맞춰 마을도 조화롭게 어우러지는 것의 매력이 있어요. 계절 따라 변화하는 모습과 오래된 역사를 지닌 공동체들, 축제들, 여러 시대의 집들… 이에 초점을 맞추고 싶었습니다. 주변 환경과 연관 지을 때 한양도성의 가치가 훨씬 높아지기 때문에, 한양도성을 보고, 마을과 도심도 보면 일석삼조 아니겠어요?

Q4. 탐방해설을 진행하다 보면 다양한 사람들이 해설을 듣기 위해 모일 텐데, 혹시 이용자층에 특기할만한 점이 있을까요?

코로나 4단계로 인해 운영이 조금 어려워졌지만, 상황이 좋아지면 다시 진행할 생각입니다. 저희는 '성균관 유생들의 하루'와 '느린 마을 여행'이라는 프로그램으로 운영하고 있어요.

'성균관 유생들의 하루'는 유생들의 스토리를 담은, 성균관과 반촌이라는 우리 마을의 특성을 살린 체험 위주로 되어있고요, 그래서 어린이, 청소년, 외국인이 주 대상층입니다. 이 외에도 청년이나, 캠퍼스에 추억이 있는 분들, 그리고 어르신 분들도 많이 좋아하세요. 유생복을 입고 유생이 배웠다고 하는 여섯 가지 기예를 배우는 과정인데요, 서예나 승마 같은 것을 게임으로 바꿔서 진행하고 있습니다. 집단의 성격에 따라 이러한 체험이 좀 다르게 운영되는데, 어르신들이 이러한 활동에 참여하시는 경우에는 서예시간에 아호를 만들어보기도 하였어요. 오래 전부터 성균관과 공생하는 반촌을 소개하고, 우리 마을의 역사와 현재를 설명하고 있습니다.

-사진 제공: 돌레길 협동조합-

　'느린 마을 여행' 같은 경우에는 혜화동의 이야깃거리를
소개하고 있습니다. 우리 마을의 생활자처럼 지내며 여유
있는 여행을 하고 가는 프로그램이라고 할 수 있죠. 예술가
들의 집을 방문해보고, 혜화동 시장 공관 같은 곳을 둘러

보는 등 마을을 느끼는 것입니다. 그리고 여행의 끝자락에서 남기고 싶은 기억을 그림으로 그릴 수 있게 하며 마무리하는 상품입니다.

둘레길은 우리 마을만의 특성과 정체성을 보여주기 위해 노력하고 있어요. 단순히 도성만 휙 걷고 가면 이 마을에 대해서는 아무것도 모르잖아요. 이러한 여행을 통해 마을도 느끼고 도성도 느끼고 가시길 바라는 마음입니다. 우리 마을 뿐만 아니라 다른 성곽마을들도 탐방 프로그램을 가지고 있어요. 전체 성곽마을이 모이는 주민 네트워크가 만들어져 있고, '성곽마을 주민 한마당'이라는 축제에서 탐방 주간을 운영하고 있습니다. 탐방을 하며 다른 마을도 여행하고, 각각의 매력을 느낄 수 있죠. 최대한 정체성을 잘 보여주고 싶은 욕심을 가지고 있습니다.

Q5. 탐방해설과 관련된 인상 깊은 에피소드가 있으시다면 소개 부탁드립니다.

저는 해설보다는 전체적인 관리에 집중하는 편이라, 해설사 분들과 하는 인터뷰에서 더 좋은 답변을 얻으실 수 있을 것 같네요. 음, 저는 아이들과 함께하면 항상 좋은 것 같아요. 너무 귀엽잖아요. 투호를 하는데 자꾸 못 넣어서 계속 거리를 당겨주고, 당겨주고… (웃음)

그리고, 어르신 분들과 함께한 것도 기억에 남습니다. 지난 '성곽마을 주민 한마당'에 유생 체험을 하셨는데 굉장히 좋아하시더라고요. 계속 사진 찍어 달라 하시고… 체험 마무리를 하면서 졸업증처럼 교지를 써드렸어요. 교지를 받으시고 엄청 기뻐하시더라고요. 못 다 이룬 학업에 대한 기억을 바꿔드린 것 같아서, 그것 자체가 좋았습니다. 사실, 탐방은 오시는 분들의 에너지가 너무 좋아서 모든 여행의 한두 장면씩은 기억에 남는 것 같아요.

Q6. 혜화-낙산 구간은 한양도성 중에서도 접근성이 높은 편이라 젊은 사람들이 특히 많이 찾는 구간 같습니다. 특히 낙산공원에서 성곽을 배경으로 찍는 사진들이 SNS에 자주 올라오잖아요. 한양도성이 젊은 사람들 사이에서 최근에 인기를 끌게 된 이유가 있을까요?

한양도성에서 바로 내려오면 동대문 디지털 플라자(DDP)가 있고, 동대문 시장이 있고, 을지로 먹거리부터 유명한 핫스팟이 주변에 있잖아요. 그런 접근성이 한양도성을 찾게 하는 매력 중 하나일 것이라고 생각합니다. 그리고 요즘 친구들은 '아름다운 것'을 특히 좋아한다고 생각해요. 한양도성은 아름답잖아요. 석조의 재질이 야간의 조명을 받았을 때의 그 아름다움, 멀리 안가도 서울 안에서 볼 수 있으니 찾게 되는 것이죠.

저의 개인적인 생각이지만, 도성은 변하지 않는 가치라는 멋이 있는 것 같습니다. 많은 것들이 빠르게 변하는 사회에서 한양도성은 편안함과 든든함을 주고 있다고 생각합니다. 가만히 앉아서, 한양도성이 뭐가 그리 좋을까 생각해보면 저는 그런 것 같아요. 유구한 세월을 버텨낸 그 돌들 자체가 나에게 안정감을 주거든요. 젊은 세대들도 마음 한구석에 이러한 것을 느끼고 있지 않을까 생각합니다.

Q7. 선생님께서 좋아하시는 한양도성의 장소는 어디인가요? 특정 위치여도 좋고, '어디에서 바라보는 어떤 뷰'로 설명해 주셔도 괜찮습니다.

사실 좋은 곳이 너무 많아서 하나를 고르기가 매우 어려웠습니다. 구간마다 좋아하는 장소도 있고, 각기 다 다른 매력을 가지고 있거든요. 우선, 낙산구간에서는 안쪽을 따라서 걷다가 흥인지문 성곽공원 있는 곳까지 와서 내려다보는 야경을 굉장히 좋아합니다. 어스름할 때 내려오면, DDP와 흥인지문, 성곽길에 조명이 들어오기 시작하거든요. 그것이 제가 생각하는 도성과 마을의 조화를 보여주는 장면 같습니다. 최첨단 건물과 사대문, 도시와 성곽이 보이는데, '진짜 서울은 재미있는 도시다'라는 생각이 들어요.

또 우리 마을에서는 이루재에서 암문까지 접근하는 뒷길을 좋아합니다. 그 곳이 원래는 주민들만 다니는 길이었는데, 그 사이로 가다보면 남산 타워와 롯데타워가 한 눈에 보입니다. 모든 곳을 다 내려다볼 수 있는 곳이며, 잘 알려지지 않은, 그러나 제가 굉장히 좋아하는 길이죠.

Q8. 선생님께 한양도성은 어떤 의미를 담고 있나요?

한양도성은, 존재의 이유죠. 도성이 있기에 성곽 마을이 있는 것이니, 서로 같이 살 수밖에 없는 운명적인 존재라고 할까요. 우리 마을의 정체성을 부여해주는 소중한 유산이자, 저에게는 위안을 주는 그런 장소입니다.

혜화·명륜 성곽마을이 그러하듯, 한양도성 또한 굴곡진 지형을 따라 쌓아 올린 성곽이다. 그래서 한양도성과 한양도성 인근의 마을들은 아름다운 지형을 그대로 간직하고 있다. 지금도 한양도성 바로 옆에서 많은 사람들이 바쁘게 자신의 하루를 살아가고 있다. 성곽마을이 한양도성 없이는 '성곽'마을이 아니듯, 한양도성 또한 성곽마을 없이는 온전한 가치를 지니지 못한다고 생각한다. 한양도성은 단순한 문화유산을 넘어 누군가의 삶의 터전이자 이유인 것이다.

8.
돌레지기를
만나다

●

●

"한양도성과 성곽마을에 깃발을 꽂다"

돌레길 정지혜 대표님과의 인터뷰는 성곽마을의 아름다움을 다시 한 번 느낄 수 있게 해주었다. 대표님의 배려로 돌레길의 해설사, 돌레지기 분들과 이야기를 나눌 수 있게 되었다. 혜화·명륜 성곽마을에는 성균관대학교가 위치해 있다. 과거의 성균관 학생들이 주변의 마을과 어우러져 지낸 것처럼, 성균관 대학교의 학생들 또한 성곽마을의 재생에 관심을 가지고 힘쓰고 있었다. 돌레길은 지역 발전에 기여하는 하나의 새로운 방향성을 제시한다. 젊은 대학생부터 오랫동안 그 마을에서 거주한 주민 분까지, 다양한 연령과 배경을 가진 사람들이 오직 한양도성과 성곽마을을 지키기 위한 목적으로 모였다. 비대면 화상으로 진행한 이 인터뷰는, 화면 너머로 보이는 해설사 분들의 따뜻한 표정과 빛나는 눈빛을 담았다.

Q1. 돌레길은 성곽마을 재생에 기여하며, 다양한 여행코스를 통해 마을의 중요성을 알리고 가치를 보존하는 활동을 하고 있습니다. 돌레길의 해설사로 활동하게 된 계기가 있나요?

이주희: 저는 성곽마을 운영진으로 활동하고 있습니다. 저희는 성곽길 뿐만 아니라 동네에서도 활동하고 있는데요, 성곽에 대한 가치와 성균관대학교 등 주변 지역을 자연스럽게 잇는 방향으로 활동하고 있습니다.

김노은: 저는 성균관대 2학년으로 재학 중입니다. 비록 코로나 때문에 학교생활을 하고 있지는 못하지만, 경험해볼수록 성곽길의 보존 가치와 이 주변이 좋은 곳이라는 것을 알게 되었습니다. 그동안 대학 주변에 대해 알 기회가 부족하였다는 것이 아쉬웠기 때문에 해설사가 되어 직접 기회를 만들고 싶었습니다.

조영남: 명륜이라는 성곽 동네가 다른 동네와 차별되는 역사성과 아름다움을 가지고 있다는 사실을 학생들과 함께 많은 사람에게 알리고 싶었습니다. 실제로 활동하면서 신선하고 좋은 아이디어라고 느꼈습니다. 주민 분들 입장에서도 미처 보지 못한 마을의 모습을 알게 되는 경우도 있어서, 좋은 기회라고 생각하였습니다.

김현미: 마을에 살며 마을 협력 활동도 하고, 마을에 대한 관심도 기르고 있습니다. 다른 지역을 탐방하면서 '우리

마을에도 가치 있는 문화 활동이 있을까'라는 생각에 시작한 활동인데, 성곽마을을 알릴 수 있는 계기가 될 수 있다고 생각합니다. 성균관대 학생들과 함께 하면서 좋은 성과를 거두었습니다. 앞으로도 계속 같이 활동한다면, 더불어 발전시키는 계기가 될 것이라 생각합니다.

-사진 제공: 돌레길 협동조합-

Q2. 돌레길 해설사 분들이 가장 해설하기 좋아하는 구간과, 그 이유가 궁금합니다. 더불어 가장 추천하고 싶은 코스도 함께 소개해주세요.

이주희: 서울국제고등학교, 서울과학고등학교의 뒷길을 좋아합니다. 성곽을 위에서 아래로 내려가는 길로, 밤낮으로 다닐 수도 있고, 숲길 느낌도 있어 좋습니다. 북정마을을 위에서 아래로 내려다 볼 수도 있습니다.

김노은: 직접 해설하는 것은 이번 주에 시작하였다는 점은 감안해주시기 바랍니다. 개인적으로 가장 좋아하는 구간은 성벽을 따라서 가는 길입니다. 고즈넉함과 시간의 흐름이 느껴지는 길이기 때문입니다. 해설을 들으시는 분들 또한 이곳이 코스의 핵심이라는 것을 알 것입니다. 추천하고 싶은 코스는 이루재에서 와룡공원을 지나는 구간으로, 숨은 문이 있는 곳입니다. 친구들이랑 가면 잘 모르지만, 해설을 들으면 이곳에 대해 더 자세히 알 수 있다는 점에서 추천합니다.

조영남: 혜화문에서 전경을 바라보는 구간을 좋아합니다. 또한, 서울 시장 공관에서 일본인 영화감독이 거처한 장소까지 내려오는 길도 좋아합니다. 현재 이곳은 안내센터로 리모델링하여 관람객을 받고 있으며, 옛 가옥의 특이성도 감상할 수 있습니다.

혜화의 건축물 중에서는 옛것과 현대적인 것이 조화를 이루고 있는 아트센터가 자랑스럽다고 생각합니다. 오래된 것을 보존하고 예술에 가까운 건축물에도 관심을 가져야한다고 생각해서 소개하고 싶어요. 아쉬운 점이 있다면 아트센터를 공개를 잘 안 한다는 점입니다. 접근성이 떨어지지만, 아트센터 측과 협업을 맺어 가끔 공개하는 방안을 생각하고 있습니다. 또한, 이 주변의 오래된 골목길의 주택이 품은 시대적인 면모를 보여드리고 싶습니다.

김현미: 제 의견은 이주희 선생님과 비슷합니다. 이루재에서 올라가는 사잇길에서 과학고까지의 길이 성곽 길에서 용의 꼬리에 해당한다고 생각합니다. 이곳에서 불어오는 시원한 바람을 느끼며 성북동과 종로구를 한눈에 볼 수 있습니다.

Q3. 성균관대학교 창업지원단 캠퍼스타운사업단이 성곽사협 및 돌레길과 함께 성곽마을 재생과 지역상생의 성과 도출을 목적으로 업무협약을 채결하였습니다. 돌레길에도 성균관대학교 출신 해설사 분들이 있는 것으로 알고 있는데요, 성곽과 가까운 대학을 다니며 생긴 특별한 기억이 있을까요?

김노은: 성균관대학교 안에 위치한 서울문묘와 성균관 같은 경우에는 '성균관 유생들의 하루' 코스에도 지나가는 식으로 소개가 되고 있습니다. 가을이면 그곳의 단풍이 색이 예쁘게 피어있는 광경을 볼 수 있습니다. 또한, 학교 안팎에서 성곽과 역사적인 장소의 아름다운 모습을 볼 수 있다는 것이 좋습니다.

학교생활을 하면서 시험기간에 도서관에서 공부한 뒤, 저녁을 먹고 "소화시킬 겸 낙산공원이나 와룡공원에 갈까?"라는 말을 할 수 있다는 것 자체가 특별한 기억이라고 생각합니다.

-사진 제공: 둘레길 협동조합-

Q4. 해설사를 하며 가장 기억에 남았던 순간이나 여행이 있
다면 소개해주세요.

이주희: 야행으로 갔던 성곽길이 기억에 남습니다. 경치

도 일상적이지 않지만, 밤에 조명을 받는 성곽을 바라보는 것이 특별한 경험이었습니다. 성곽길이 마치 환상적인 길 같았습니다. 그래서 밤에 다니는 성곽길도 좋을 것 같습니다. 조명에 따라, 또 날씨에 따라 그때그때의 분위기가 달라져서 특별하다고 느꼈습니다.

김노은: 요즘 SNS에서는 한양도성의 성곽 틈 사이로 보이는 풍경을 찍어 올리는 경우가 많습니다. 그런 방식으로 기억을 기록하는 것을 좋아하는데, 해설을 들으며 이루재에서 간직하고 싶은 풍경을 오일파스텔로 그렸던 활동이 기억에 남습니다. 그림을 그리는 것도 오랜만이지만, 여행을 회상할 수 있는 시간을 갖는다는 것이 매력적이었습니다. 집에서도 보관할 수 있는 추억거리라서 더욱 와닿았던 것 같아요. 풍경은 순간적이라 그때 그 시간에만 볼 수 있다고 생각합니다. 그래서 더 특별하고, 나만의 것이라는 감정이 들었어요.

조영남: 해설 보조 활동을 하며, '성균관' 자체를 좋아하게 되었습니다. 계절이 변하면서 풍경도 변하는 것이 정말 아름답습니다. 성균관 마당의 두 은행나무가 뽐어내는 위용이 기억에 남습니다.

김현미: 행촌권 성곽마을이라는 곳이 있습니다. 같은 종로구지만, 도시농업, 공유부엌처럼 혜화·명륜 성곽마을과는 또 다른 다양한 활동을 하고 있습니다. 우리는 그러한

프로그램이 없다는 것이 조금 아쉽기도 했습니다. 다른 성곽마을의 특색 프로그램을 체험했던 기억이 남네요.

-사진 제공: 둘레길 협동조합-

Q5. 저희는 한양도성을 알리고 보존하는 활동을 진행하고 있습니다. 마찬가지로 여러분 또한 성곽마을을 보존하고 홍보하는 것을 목적으로 활동하고 있다고 알고 있습니다. 특히 마을에 어떤 점에 주목하여 여행을 즐겼으면 좋겠는지 말씀해주세요.

이주희: 역사성이 그대로 남아있다는 점에 주목해주셨으면 좋겠습니다. 기와집의 형태부터 송시열의 글, 길목마다의 건축사까지 볼 수 있는 공간입니다. 그렇기 때문에 시간성, 역사성이 뚜렷하게 두드러집니다. 오랜 시간이 흐른 뒤에도 혜화·명륜 성곽마을의 정취는 성곽길, 성균관, 동네 안의 모습에 남아있을 것입니다. 지금의 모습을 엽서로 남겨놓는 등의 작업도 하고 있습니다. '기억 속에서라도 남아있을 수 있는 동네'라는 점을 잊지 않았으면 좋겠습니다.

김노은: 저희 활동에 참여하는 사람들은 주로 성균관대 학생들, 지망생들, 마을 분들입니다. 저는 흥미를 고취하고 유지하는 것이 중요하다고 생각하는데, 그것을 문화콘텐츠를 통해 실현할 수 있을 것이라고 생각합니다. MZ세대에게 인기가 많았던 '혜화동' 노래, 드라마 '응답하라 1988'의 촬영지, 드라마 '성균관 스캔들'의 촬영지처럼 수많은 시, 드라마, 노래와 같은 문화콘텐츠에서 이 동네를 다루고 있으니, 탐방객들에게도 이런 동네의 가치가 전해진다면 좋겠습니다. 참 기억에 남는 장소라고 생각합니다.

조영남: 과거와 현재가 공존하는 역사성이 담긴 독특한

동네라고 생각합니다. 탐구적인 탐방객이라면 과거와 현재가 이곳에서 어떻게 대비되는지도 심도 있게 생각해보면 좋겠습니다. 문인들이 많이 살고 있다는 점도 좋습니다. 이 동네에 예술의 향기가 있다고 느끼는데, 그 문인들의 발자취도 느껴보시면 좋겠습니다.

김현미: 혜화동과 명륜동은 과거와 현재가 공존하는 곳으로, 수많은 문화인, 교육인, 정치인들을 배출해왔습니다. 송시열 집터처럼, 이분들이 살았던 공간들이 다 남아있답니다. 이러한 흔적이 골목에 숨겨져 있어 잘 알려지지 않았으나, 성곽마을 여행을 하게 된다면 이런 곳에 관심을 가지고 봐주었으면 합니다.

Q6. 돌레길은 단순한 여행사가 아닌, 지역의 대학과 지역주민의 지역 활성화에 기여하는 선순환 모델입니다. 앞으로 돌레길이 어떤 역할을 하길 바라는지 말씀해주세요.

이주희: "깃발을 꽂다?" (정지혜: "정점을 찍고 싶은?") 이러한 공간 안에서 이러한 좋은 활동이 이루어지고 있는데도, 아직 홍보가 많이 되지는 않았습니다. 더 많은 사람들과 함께하였으면 좋겠습니다.

젊은 피를 지닌 학생들과 함께 해보니, 활동에서도 더불어 해야 한다는 것을 알게 되었습니다. 이러한 활동도 결국 다양한 사람들이 모여야 하는 일이기 때문입니다.

김노은: 주민과 학생 대상이다 보니, 탐방에 참여하는 것

이 다른 탐방객과 쉽게 친해질 수 있는 기회라고 생각합니다. 즉, 인간관계 네트워크 형성에 좋은 역할을 할 수 있다고 생각합니다. 가까운 미래에는 일부를 위한 프로그램이 아니라 모두를 위한 프로그램이 되었으면 합니다. 인근 학교 학생이라면, 거주자라면, "둘레길 탐방은 꼭 해봐야지"라고 말할 수 있는 필수코스로 명성을 다지면 좋겠습니다.

조영남: 우리 마을 만의 특성이자 다른 마을이 부러워하는 우리만의 특징이라고 자부합니다. 성균관 대학교를 품고 있다는 것도 장점입니다. 학생들이 많이 참여해서 이곳의 가치와 혜택, 역사성을 발견하고, 이곳 주민들 못지않게 동네에 대한 자부심을 가져서 마을 활성화에 역할을 해주시면 좋겠습니다.

김현미: 아직 첫 걸음이나 마찬가지입니다. 마을에 역사성을 지닌 공간이 많습니다. 이를 활용해서 누구나 혜화명륜 탐방해설사를 거쳐 가는 과정이 있었으면 합니다. 저희의 인적 자원과 지식 등을 바탕으로 함께 살아가는 마을로 만들어, 마을이 발전되었으면 좋겠습니다.

Q7. 여러분에게 한양도성은 어떤 의미인가요?

이주희: 나도 역사의 한 부분이라는 존재감을 느끼게 해주는 공간입니다.

조영남: 저에게 한양도성은 힐링 공간입니다. 스트레스를 받을 때 편한 차림으로 나와서 걸어보면 정말 힐링이 됩니다. 야경을 바라보며 걸으면 새로운 의욕이 샘솟는 공간입니다.

김노은: 저에게 한양도성이란 '욕심'입니다. 그동안 한양

도성을 누리고 싶었던 만큼 누리지 못해서 아쉬워서 현재 돌레길 해설사 활동에도 참여하고 있습니다. 한옥의 분위기를 좋아하는데, 이곳에서는 옛것의 고즈넉함을 느낄 수 있는 것 같아요. 가까이 살고 싶은 욕심이 있습니다.

김현미: 저에게 한양도성이란, '시원한 바람'입니다. 마을을 통해서는 시원함을 못 느껴도, 산을 타면 시원한 바람이 많은 것을 생각하게 만듭니다. 과거와 현재를 생각하는 마음도 들고, 설렘도 들고… 그래서 저에겐 '시원한 바람'입니다.

다양한 사람들이 성곽마을의 존속을 위해 모였다는 점이 인상 깊었다. 특히 우리 설국도성도 한양도성이라는 하나의 목적을 위해 모인 팀이기에, 비슷한 방향성을 지니고 있다고 생각했다. 해설사 분들, 다시 말해 '돌레지기' 분들은 성곽마을을 단순한 주거지로 보고 있지 않았다. 그들에게 성곽마을은 한양도성의 보존 가치를 높이는 하나의 유산이며, 우리가 지켜나가야 할 가치였다. 그들은 쉴 새 없이 변하는 세상 속에서 고스란히 제 자리를 지키고 있는 한양도성과 그 사이사이에 위치한 삶과 역사의 흔적을 알리고 있다. 다시 한 번, '한양도성이 있기에 성곽마을이 있고, 성곽마을이 있기에 한양도성이 있다'라는 것을 느낄 수 있었다.

9.
한양도성과 사람들,
성곽마을 주민네트워크를 만나다.

"한양도성은 우리에게 삶 그 자체입니다"

한양도성이 현재까지 사람들 곁에 살아 움직이는 문화재가 될 수 있었던 이유는 바로 성곽마을에 사는 주민 분들이 계시기 때문이다. 한양도성과 가장 가까이에서 한양도성의 오랜 친구로 지내오신 성곽마을 주민 분들께 한양도성은 단순한 문화재가 아닌 '삶 그 자체'라고 할 수 있다. 한양도성 해설을 비롯한 마을 내 한양도성과 관련된 다양한 자치활동을 통해 주민 분들의 한양도성을 향한 뜨거운 애정을 엿볼 수 있었다. 또한, 한양도성은 서울시내의 여러 자치구를 관통하는 18.6km의 긴 성곽이기 때문에 성곽마을마다 각기 다른 개성을 가지고 있다. 그럼에도 주민 분들 간의 회의와 교류활동이 끊임없이 이어지며 여러 성곽마을이 하나의 아름다운 조각보가 되었다. 설국도성은 '성곽마을 주민네트워크 사회적 협동조합'을 통해 성곽마을에 대한 자세한 이야기를 들을 수 있는 소중한 기회를 얻었다.

Q1. 한양도성 성곽마을 주민네트워크 사회적 협동조합(이하 성곽사협)이 생겨나게 된 배경과, 현재 어떠한 활동을 하고 있는지, 또한 한설 사무국장님의 역할은 무엇이신지 간단히 소개 부탁드립니다.

이름이 정말 길죠? (웃음) 처음 시작은 9개 권역 22개의 마을에 가서 모임을 하는 것이었습니다. 매월 각 성곽마을에 모여서 대표님들이 각 마을과 어떠한 활동을 하였는지를 소개하고, 서로의 활동을 응원도 하였습니다. 2014년부터 시작을 한 저희의 모임이 5년의 시간이 지났고, 어느덧 60회를 넘게 되었네요. 서울시에서도 그동안 이 활동을 관심 있게 보고 있었는데, 앞으로 저희의 활동이 더욱 자생력을 가지고 지속되기 위해서는 차근차근 준비해야 한다는 생각을 하였습니다.

그래서 지속력을 가지기 위해서는 어떤 것을 하면 좋을까 생각하던 중, 단체라고 부르기에는 성북구, 중구, 종로구 3개의 자치구에 걸친 성곽 마을은 너무나도 큰 존재라는 점을 깨달았습니다. 기존의 주민 네트워크 회의를 그대로 이어가되 누구도 주인은 아닌, 전체가 주최가 되는 사회적 협동조합을 만들자고 생각하였습니다. 지금까지 함께 하였듯 앞으로도 함께할 수 있는 방법을 생각해냈습니다.

저희 성곽사협은 2019년도에 회의를 거쳐 2020년 발족 되었고, 이제 막 1년이 되었습니다. 마을 대표님 열 분이 이사님으로 계시고, 모두가 동등한 위치를 가진 일반 조합원으로 구성되어있어요. 상하반기마다 비전워크숍을 가져 각 마을의 장점과 단점을 서로 공유하고, 주민들과 대표님들이 함께 모여 우리의 일을 같이 이야기 해보는 활동을 하고 있습니다. '한양도성', '성곽마을', 그리고 모임주체가 되는 '주민네트워크', 그 어느 하나도 저희 정체성에서 빠질 수 없기 때문에 이렇게 긴 이름을 가지게 되었습니다.

Q2. 성곽마을 박물관과 성곽마을 여행자 카페가 어떠한 역할을 하는지, 그리고 마을 주민 분들에게는 어떠한 의미를 가지고 있는 공간인지 자세히 설명해주실 수 있으신가요?

스페인에는 산티아고 순례길에 알베르게라는 여행자 쉼

터가 있습니다. 순례자들과 관광객들이 힘들면 쉬고, 시간이 늦어지면 숙박을 하기도 하는 곳입니다. 이곳 성곽마을 여행자카페는 바로 그런 알베르게의 특성과 매우 닮았습니다. 성곽 길을 걷다가 떨어진 물을 채우고, 무거운 짐은 잠시 내려놓고, 핸드폰을 충전할 수도 있습니다. 또한, 한양도성은 문화재이기 때문에 간이 화장실조차 설치할 수 없어 이용객들에게 불편한데, 이곳에서는 편하게 화장실을 이용할 수도 있습니다. 여름에 더우면 이곳에 들어와서 더위를 식히고, 겨울에 추우면 잠시 몸을 녹이고 갈 수 있는 그런 공간입니다.

또한, 이곳은 한양도성 지도와 다양한 자료를 가지고 있습니다. 그래서 쉬어가시는 방문객들에게 한양도성에 대한 전체적인 설명과 연계 된 성곽마을에 대해서도 소개해 드리고 있습니다. 성곽사협의 건물들은 모두 서울시에서 운영하는 건물이기 때문에 충분히 공공성을 가지고 있는 장소입니다. 즉, 이곳은 모든 분들께 열려 있는 곳입니다.

기존에 한양도성을 주제로 한 박물관은 있었으나, 마을 주민 분들과 마을을 주제로 한 박물관은 없었습니다. 우리의 성곽마을 박물관의 첫 시작은 장수마을 박물관이었으며, 이를 이어받아 지금의 성곽사업인 성곽마을 박물관의 모습을 갖추게 되었습니다. 아주 작은 갤러리와 아카이빙 실이 있어, 성곽마을의 다양한 이야기들을 모으고 자료화 시켜 전시하는 공간입니다. 매년 열리는 주민한마당의 모습을 촬영한 동영상도 시청할 수 있죠.

　옥상에는 조그마한 뮤지엄숍이 있는데요, 각 마을 공동체에서 여러 활동을 해서 나온 결과물들을 모아서 판매를 하는 곳입니다. 어르신들께서 손수 만드신 것부터 예비 사회적기업이 만들어 특허를 낸 상품까지, 다양한 작품들이 있는 곳입니다. 갤러리에서는 한양도성과 함께 하는 마을을 주제로 다양한 전시 활동을 하고 있습니다. 처음에는 한양도성 시민순성관님들이 직접 찍으신 사진들을 전시한 것부터 시작하여 현재는 각 성곽마을마다 한 번씩 돌아가며 전시를 진행하고 있습니다. 혜화·명륜 마을은 서양화 전시를, 충신 성곽마을은 마을의 사진동아리에서 자신의 마을 곳곳을 찍은 사진에 캘리그라피를 더해 만든 작품을 전시하였습니다. 다음 전시는 성곽마을의 모태라고 할 수 있는 장수마을의 기록 사진전을 성북문화원과 협심하여 진행할 예정입니다.

　Q3. 자세한 소개를 듣고 나니 성곽마을의 모태인 장수마을의 이야기가 더욱 궁금해지는데요.

　한양도성은 산 능선들에 걸쳐 매우 높은 곳에 위치해 있습니다. 그런 산 능선까지 올라가서 집을 짓고 사셨던 분들은 생활환경이 조금은 힘드신 분들이셨습니다. 시간이 지나 서울에 높은 건물들이 들어서고, 다른 지역들이 재개발이 진행되는 동안 장수마을은 다른 마을처럼 집을 다시 지을 수도, 높은 건물을 올릴 수도 없었죠. 지리적으로 집 앞 뒤로 한양도성이 위치하고 있어, 문화재법에 의한 증축, 신축의 제한으로 상대적으로 긴 시간 정체된 상황이었습니다. 이에 외부에서는 장수마을을 재개발을 하겠다고 하였지만, 주민 분들은 반대하였습니다. 대신 주민 분들이 자발적으로 돈을 모으고, 힘을 합쳐 장수마을의 모든 것을 고치기 시작하였습니다. 무너지는 담벼락, 보일러 공사등 모든 것을 주민들이 스스로 고치고, 장수마을을 그대로 유지해 나간 것이죠.

장수마을은 성곽마을 중 재생이 시작된 곳이고, 성곽마을의 주거환경개선사업이 시작된 곳입니다.

Q4. 여행자센터를 운영하시면서 성곽길 순성과 마을 탐방 뿐만 아니라 전각 만들기, 스케치 수업 등 다양한 활동들이 여행 코스에 짜여 있는 것으로 알고 있습니다. 여행 코스에 이러한 활동들을 포함하시게 된 이유와 그 선정 기준이 궁금합니다.

성곽을 개축 할 당시에 성곽을 세운 담당자와 지역 명, 인원수가 적혀있는 각자 성석을 보고 직접 본인의 이야기를 새기는 전각 만들어보는 활동을 연계한 프로그램을 진행하였습니다. 또한, 한양도성을 돌며 아름다운 풍경을 직접 그려보는 여행스케치 프로그램도 운영하기도 하였죠. 강사 분을 섭외할 때 주민이 직접 강사역할을 담당하기도 하고, 도성도 성곽마을도 처음이신 강사 분을 모셔서 객관적인시선으로 처음 탐방하시는 일반인들과의 공감대를 형성하는 방법도 실행하고 있습니다. 처음 탐방을 오시는 일반인들과 공감대가 형성 될 수 있도록 노력하고 있답니다.

지금은 주말에 낙산구간만 탐방 프로그램으로 운영하고 있는데, 매번 매진이 될 정도로 인기가 많아요. 자주 오시는 분들은 올 때마다 한양도성의 새로운 느낌을 발견한다고 말씀해주시기도 합니다. 저희는 방문객들의 말씀을 참고하여 연계할 수 있는 프로그램을 계속해서 개발하고 있습니다.

Q5. 이곳은 한양도성 전체 구간의 주민네트워크를 총괄하는 곳입니다. 그래서 각 마을 간의 상호작용이 어떤 방식으로 이루어지고 있는지 잘 아실 것 같은데요, 마을 교류 행사로는 어떤 것이 있는지 그리고 그 교류의 시너지 효과를 체감하신 적이 있으신지 궁금합니다.

사실 마을 간의 교류는 성곽사협이 생기기 전부터 각 마을의 대표님들과 주민 분들이 함께 모이며 자연스럽게 이루어지고 있었습니다. 벌써 5년의 시간이 흘렀기 때문에 이제 이사님들도 연세가 있으시지만, 매월 한 달에 한 번씩 있는 회의를 비가 오나 눈이 오나 빠지시지 않고 참석해 주십니다. 대표님들이 역사, 문화와 함께하는 공적인 일을 하고 있다는 것에 책임감과 자부심을 가지고 계셔서 저희 성곽사협의 일에 굉장히 열심히 참여해주시고 계십니다.

한양도성 성곽마을은 각 마을마다 뚜렷한 정체성과 개성

들을 가지고 있습니다. 사무국에서는 이 마을들을 전체적으로 통합하는 것이 아니라, 각 개별적인 마을들의 독립성을 어떻게 지켜나갈 것인지, 어떠한 방식으로 지원할 지를 고민하는 방향성을 지니고 있습니다. 지금까지 5년간의 역사성을 지닌 성곽마을의 주민 네트워크를 어떻게 지원할 것인지, 각 마을의 특성과 개성을 더욱 살리기 위해 어떠한 지원을 할 것인지가 바로 성곽사협 저희 사무국의 역할입니다.

Q6. 각 마을 사람들이 다른 마을을 함께 다녀보는 축제인 '성곽마을 주민한마당'이 대표적인 마을 교류 행사인 것으로 알고 있습니다. 이 행사가 생겨나게 된 배경과 이와 관련된 인상 깊은 에피소드가 있다면 소개 부탁드립니다.

성곽마을 주민한마당은 2017년 제 1회를 시작으로 지금까지 이어져 오는 성곽 마을 주민들의 축제입니다. 사실, 이 축제가 시작되기 전에도 마을 사람들은 각자의 자리에서 자신의 삶을 충실히 살아오시며 마을끼리의 돈독한 관계를 형성하고 있었습니다. 성곽마을주민들이 함께 모여 축제를 하자는 제안이 나왔고, 이미 사이가 돈독했던 마을들이었으므로 잘 진행되었습니다. 다만 축제는 기존의 모임들처럼 만나서 이야기하고 다과를 즐기는 것보다 더 체계적인 활동들이 있어야 하였습니다. 많은 고민 끝에 저희는 다양한 프로그램을 기획하고, 진행자를 섭외하고, 각 마을의 특색이 있는 동아리들의 활동도 선보이며 축제를 진행하고 있습니다. 제 1회 성곽마을 주민한마당에서는 우리 성곽마을 사람들의 모임이 어떻게 형성 되었는지 소개하고, 그간의 활동들과 정체성을 한번 다져보자는 취지의 '성곽마을 주민선언'을 하기도 하였죠.

사실 마을 사람들이 모여 행사를 만들어가는 것에는 큰 어려움은 없었습니다. 그러나 장소를 정하는 것이 조금 어려웠던 것 같네요. 성곽마을 주민들이 다 같이 모이는 것이니 의미 있는 장소에서 하면 좋을 것 같았고, 한양도성 박물관 앞 흥인지문 공원 광장에서 하는 것이 좋을 것 같다는 결론이 나왔습니다. 그 장소는 서울시 디자인 센터와 공원녹지과과 관련된 장소였기에 허락을 받는데, 긴 시간이 지나는 힘들었던 과정이 있었던 것이 생각이 납니다.

Q7. 성곽마을 여행자 센터에 주로 방문하시는 분들은 어떤 분들이신가요? 이용하시는 분들의 공통적인 특징이 있는지 궁금합니다.

이곳을 지나가시는 분들은 주로 한양도성을 트레킹 하시는 분들이고요, 유치원생들 혹은 외국인분들도 많이 지나가고 합니다. 자원봉사자들이 지나가는 유동인구 모니터링을 하였던 결과에 따르면, 날씨가 좋은 4월 봄 평일에는 400명~500명 정도 이 여행자센터 앞을 지나가십니다. 휴일에는 거의 1,000명에 육박합니다. 주민 분들 뿐만 아니라 관광차원에서 오시는 분들도 많이 계십니다.

사실, 이 여행자센터를 궁금해서 기웃거리기만 하고 막상 들어오는 것을 망설이시는 분들이 계십니다. 저희는 이 여행자센터를 알리고, 또한 공공성을 지닌 공간인 만큼 많은 사람들이 쉬어가고 이용할 수 있도록 노력을 많이 하고 있습니다. 자원봉사자 분들이 오셔서 마을길도 쓸고, 조금씩 마을의 통장님과 주민 분들도 이곳에 앉아서 담소도 나누시고, 점점 마을 사람들에게 편안한 공간이 될 수 있도록 노력하고 있습니다. 마을 주민 분들도, 한양도성을 산책하시는 관광객 분들도 누구든지 들어올 수 있는 공간이고, 이곳에서 한양도성과 성곽 마을에 대해 간단한 설명도 들을 수 있게 안내하고 있습니다. 지도와 책자도 나눠 드리며, 한양도성에 대해 좀 더 알아갈 수 있는 기회를 제공해 드리죠. 외국인분들이 오실 때는 이화동 마을의 주민분이

영어 해설사로 자원봉사자로 활동해주셔서 한양도성에 대해 설명 드리기도 합니다.

집이 부암동인 저에게 한양도성은 늘 있는 것이고, 예쁜 풍경을 배경으로 사진 찍는 장소라고만 생각하였습니다. 그러나 한양도성을 일로서 접한 후에는 여러 공부들을 하게 되고, 한양도성의 의미에 대해서 다시 생각해보게 되었습니다. 그리고 이제는 한양도성이 없으면 성곽마을의 의미가 퇴색된다고 생각할 정도로 도성을 중요하게 여기게 되었습니다.

한양도성은 내사산(낙산, 백악, 인왕, 목멱)을 잇는 하나의 링으로 형성되어있습니다. 한양도성은 주민 분들의 삶이 녹아들어 있는 곳이며, 그 분들의 삶 자체가 한양도성과 함께하기 때문에 감히 비교할 수 없는 애정을 가지고 있는 것이죠. 한양도성은 우리에게 삶 그 자체인 것입니다.

한설 사무국장님과 인터뷰를 하는 내내 한양도성과 성곽마을을 향한 국장님의 진심어린 애정을 느낄 수 있었다. 성곽마을 사이의 강력한 네트워크를 통해 한양도성 옆에 자리잡은 마을의 아름다움을 알리고자 하는 노력을 엿볼 수 있었다. 인터뷰를 통해 성곽마을과 한양도성의 끈끈한 관계도 느낄 수 있었다. 문화재는 결국 사람들이 존재하고, 그들의 삶과 생활 방식이 담겨 있기에 가치가 있다는 본질적 의미를 다시 되새길 수 있었다. 한양도성에서 힐링을 하며 여행자 센터에 한번 들려보는 것은 어떨까? 짐이 무거울 때, 물 한잔 마시고 싶을 때, 잠시 쉬었다가 가고 싶을 때 마주한 이 특별한 쉼터는 당신의 한양도성 나들이 더욱 특별하게 만들어줄 것이다.

닫는 글

　고등학교를 다니던 시절 매일 6시 반 새벽 공기를 마시며 올랐던 한양도성을 잊을 수 없다. 눈을 반쯤 감은 채 비몽사몽 걷던 친구들, 날이 좋을 때 보이던 일출, 계절마다 달라진 풍경들이 우리의 학창시절을 꽤나 아름답게 색칠해 주었다. 우리에게 한양도성은 잊고 싶지 않은 추억이다.

　청년 유네스코 세계유산 지킴이에 지원하기 위해 모인 우리 네 명은, 세계유산을 선정하기 위해 여러 번의 회의를 거쳤다. 조선왕조실록부터 인류무형유산까지 다양한 이야기가 오고 갔지만, 결국 우리가 애정을 가지고 있는 한양도성을 선택하게 되었다. 추억의 힘이란 이처럼 강하다. 그래서 우리는 우리처럼 한양도성에 애정을 가진 사람들의 이야기를 모으기로 하였다. 한양도성은 유네스코 세계유산의 잠정목록에 등재되었다. 이전에 등재신청서를 제출하였으나 '탁월한 보편적 가치'의 부족으로 선발되지 못하였다. 지금은 북한산성과 함께 다시 등재신청을 하여 2027년에 세계유산으로 선발될 수 있도록 노력하고 있으나, 아직 지켜봐야하는 상황이다. 유네스코 세계유산이란 미래 세대에 전달할 만한 인류 보편적 가치가 있는 자연이나 문화를 보존하기 위해 유네스코가 지정하는 유산을 말한다. 다시 말해, 후대의 사람들이 꾸준히 지킬만한 가치가 있는지 평가한다는 것이다. 그렇다면 한양도성이 세계유산으로 등재될 수 있는 가치는 무엇일까.

우리는 미래세대로서 이 의문에 대한 나름의 답을 찾았다. 그것은 '한양도성의 연속성'이다. 한양도성이 과거에 멈춰있는 유산이 아닌, 지금까지 사람들과 함께 살아 숨쉬고 있는 유산이라는 것이다. 우리처럼 하나의 기분 좋은 추억으로 기억하는 사람들뿐만 아니라, 직접 발 벗고 나서서 한양도성을 지키는 사람들, 꾸준히 한양도성을 알리고 있는 사람들, 각자의 자리에서 한양도성에 대한 애정을 표현하는 사람들을 만나고자 하였다. 그래서 탄생한 책이 바로 '한양도성은 이렇게 말했다'이다. 우리는 다양한 지역과 연령대의 사람들의 이야기를 듣기 위해 '한양도성 수필 공모전'을 열었고, 여러 인연들을 섭외해 인터뷰를 진행하였다. 그 과정에서 한양도성에 쌓인 돌 하나하나의 엄청난 가치와, 그 어떤 역사 기록보다 의미 있는 이야기를 듣게 되었다. 그리고 지금도 쓰여지고 있는 한양도성의 역사 페이지를 겪어볼 수 있었다. 현재의 한양도성은 누군가에게는 쉼터이며, 누군가에게는 존재의 이유, 누군가에게는 지키고자 하는 사람의 자리였다.

한양도성에 올라 내려다본 전망은 아름답다. 몇 백 년 전의 역사와 지금의 발전한 도시가 한 공간에서 믿을 수 없을 정도로 자연스레 어우러진다. 낮이면 탁 트인 하늘 아래 바쁘게 움직이는 사람들이 보이고, 밤이면 온갖 불빛이 별처럼 땅을 밝힌다. 봄이면 꽃이 만발하고 여름이면 싱그러운 푸른빛이 한양도성을 감싼다. 가을이면 낙엽과 다 익은 밤송이가 떨어지고, 겨울이면 여장 위에 눈이 쌓인다. 한양도성은 우리의 역사를 담은 유일무이한 유산이며, 지금도 끊임없이 누군가에게 영향을 주는 보물이다. 이 책은 그 사실을 다시 한번 일깨워줄 뿐이다. 결국 한양도성을 지키는 건 그 누구도 아닌 우리이며, 지켜야 하는 이유는 우리의 가슴 속에 있음을 알려주고 싶었다.